普通高等教育"十三五"规划教材

服务外包产教融合系列教材

主编 迟云平　副主编 宁佳英

游戏测试

主　编　周　璇

华南理工大学出版社
SOUTH CHINA UNIVERSITY OF TECHNOLOGY PRESS
·广州·

图书在版编目(CIP)数据

游戏测试/周璇主编. —广州：华南理工大学出版社，2017.8(2018.7 重印)
(服务外包产教融合系列教材/迟云平主编)
ISBN 978 - 7 - 5623 - 5294 - 5

Ⅰ. ①游…　Ⅱ. ①周…　Ⅲ. ①游戏程序 – 程序设计 – 教材　Ⅳ. ①TP317. 6

中国版本图书馆 CIP 数据核字(2017)第 112678 号

游戏测试

周璇　主编

出 版 人：卢家明
出版发行：华南理工大学出版社
　　　　　（广州五山华南理工大学 17 号楼，邮编 510640）
　　　　　http://www. scutpress. com. cn　E-mail：scutc13@ scut. edu. cn
　　　　　营销部电话：020 - 87113487　87111048（传真）
总 策 划：卢家明　潘宜玲
执行策划：詹志青
责任编辑：刘　锋　欧建岸
印 刷 者：佛山市浩文彩色印刷有限公司
开　　本：787mm×1092mm　1/16　印张：9　字数：222 千
版　　次：2017 年 8 月第 1 版　2018 年 7 月第 2 次印刷
印　　数：1 001～2 000 册
定　　价：24. 50 元

"服务外包产教融合系列教材"
编审委员会

总　序

　　发展服务外包，有利于提升我国服务业的技术水平、服务水平，推动出口贸易和服务业的国际化，促进国内现代服务业的发展。在国家和各地方政府的大力支持下，我国服务外包产业经过 10 年快速发展，规模日益扩大，领域逐步拓宽，已经成为中国经济新增长的新引擎、开放型经济的新亮点、结构优化的新标志、绿色共享发展的新动能、信息技术与制造业深度整合的新平台、高学历人才集聚的新产业，基于互联网、物联网、云计算、大数据等一系列新技术的新型商业模式应运而生，服务外包企业的国际竞争力不断提升，逐步进入国际产业链和价值链的高端。服务外包产业以极高的孵化、融合功能，助力我国航天服务、轨道交通、航运、医药、医疗、金融、智慧健康、云生态、智能制造、电商等众多领域的不断创新，通过重组价值链、优化资源配置降低了成本并增强了企业核心竞争力，更好地满足了国家"保增长、扩内需、调结构、促就业"的战略需要。

　　创新是服务外包发展的核心动力。我国传统产业转型升级，一定要通过新技术、新商业模式和新组织架构来实现，这为服务外包产业释放出更为广阔的发展空间。目前，"众包"方式已被普遍运用，以重塑传统的发包/接包关系，战略合作与协作网络平台作用凸显，从而促使服务外包行业人员的从业方式发生了显著变化，特别是中高端人才和专业人士更需要在人才共享平台上根据项目进行有效整合。从发展趋势看，服务外包企业未来的竞争将是资源整合能力的竞争，谁能最大限度地整合各类资源，谁就能在未来的竞争中脱颖而出。

　　广州大学华软软件学院是我国华南地区最早介入服务外包人才培养的高等院校，也是广东省和广州市首批认证的服务外包人才培养基地，还是我国

游戏测试

服务外包人才培养示范机构。该院历年毕业生进入服务外包企业从业平均比例高达66.3%以上，并且获得业界高度认同。常务副院长迟云平获评2015年度服务外包杰出贡献人物。该院组织了近百名具有丰富教学实践经验的一线教师，历时一年多，认真负责地编写了软件、网络、游戏、数码、管理、财务等专业的服务外包系列教材30余种，将对各行业发展具有引领作用的服务外包相关知识引入大学学历教育，着力培养学生对产业发展、技术创新、模式创新和产业融合发展的立体视角，同时具有一定的国际视野。

当前，我国正在大力推动"一带一路"建设和创新创业教育。广州大学华软软件学院抓住这一历史性机遇，与国家发展和改革委员会国际合作中心合作成立创新创业学院和服务外包研究院，共建国际合作示范院校。这充分反映了华软软件学院领导层对教育与产业结合的深刻把握，对人才培养与产业促进的高度理解，并愿意不遗余力地付出。我相信这样一套探讨服务外包产教融合的系列教材，一定会受到相关政策制定者和学术研究者的欢迎与重视。

借此，谨祝愿广州大学华软软件学院在国际化服务外包人才培养的路上越走越好！

国家发展和改革委员会国际合作中心主任

2017年1月25日于北京

前　言

　　游戏测试是软件测试的一个子类。软件测试的基本理论及方法，都可以或多或少地用到游戏测试上，但也不能生搬硬套。游戏测试领域目前在国内处于起步阶段，中国游戏企业在游戏测试方面与国际水平相比仍存在较大差距。首先，在认识上重开发、轻测试，忽略了如何通过游戏测试来保证产品的质量，也没有意识到如期完成优秀游戏项目，不仅取决于策划、美术和程序代码的实现水平，还取决于设计、文档等各方面的质量。其次，对游戏项目的管理简单、随意，没有建立规范、有效的游戏测试管理体系。第三，缺少游戏测试自动化工具的支持，测试时也没有采用测试管理系统。所以，游戏企业应提高对游戏测试的认识，建立独立的游戏测试组织，采用高效的测试技术来改善游戏开发流程，最终实现游戏开发的预期目标，降低游戏开发的成本和风险，提高游戏开发的效率，保证游戏产品的质量。

　　实际上，大多数游戏公司测试产品都采用外包方式。测试外包的实施方式可分为两类：一类是将项目完全外包给专业测试公司，由独立于开发机构的专业测试公司进行测试（第三方测试）；另一类是产品开发公司"借用"专业测试公司的员工，同产品开发公司员工一起完成项目测试。采用测试外包模式是产品开发企业（发包方）的一种经营战略，是企业（发包方）在内部资源有限的情况下，为取得更大的竞争优势，仅保留最具竞争力的功能，而其他功能则借助于资源整合，利用外部（接包方）优秀的资源予以实现。服务外包使企业内部资源和外部资源的优势整合，会产生巨大的协同效应，最大限度地发挥企业自有资源的效率，获得竞争优势，提高对环境变化的适应能力。

　　简而言之，外包就是做自己最擅长的工作，将不擅长做的工作（尤其是非核心业务)剥离，交给更专业的组织去完成。作为接包方的企业，其任务是根据客户需求，利用测试工具，按照测试方案和流程对产品进行功能和性能测试，或根据需要编写不同的测试工具，设计和维护测试系统，对测试方案可能出现的问题进行分析和评估。该类型业务属于信息技术外包(ITO)下的软件设计外包。若任务主要是动漫和游戏的设计，包括创作及制作服务，则属于知识外包(KPO)下的动漫及网游设计研发外包。

本书主要内容：第1章介绍游戏测试的发展现状和前景；第2章阐述游戏测试的组织与实施原则；第3章介绍游戏软件质量缺陷；第4章介绍游戏测试的流程和过程管理；第5章介绍测试用例的设计方法并分析针对不同用例的设计；第6章介绍单元测试；第7章说明游戏测试中的集成测试；第8章介绍游戏系统测试，并举例说明 LoadRunner 软件的基本使用方法；第9章介绍游戏的可玩性测试。

本书中所探讨的观点，业界尚无统一的定论，笔者秉着抛砖引玉的出发点，希望有更多的业内人士加入到游戏测试的队伍中来。

编　者

2017 年 1 月

目　录

1 游戏测试概述

近年来，虽然 IT 业一直经历着"寒冬"，但是游戏软件业却呈现出了勃勃生机。中国游戏市场正式投入商业运营的游戏数目已超过 1000 款，但国外的游戏仍然统治着国内大部分的市场。国内游戏软件想要突围而出，需要从以下两个方面着手：一是可玩性，中国传统文化博大精深，取材丰富，是我们得天独厚的优势；二是游戏的质量。游戏测试作为游戏开发中质量保证最重要的环节，在游戏设计与开发的过程中将发挥越来越重要的作用。

游戏测试行业是一个新兴的行业，尤其是在国内。之所以称作"测试行业"，是因为测试已经不是单纯依附在软件开发过程中的一个可有可无的角色，而是游戏质量提升的重要环节。第三方测试、测试外包的涌现，测试培训、咨询、考证的火热，测试职位的高薪，测试网站及工具的增多，都表明测试行业的兴盛。本章从测试的起源展开，重点描述测试的几个发展阶段，最后分析游戏软件测试的现状，展望游戏测试的前景。

1.1 软件测试的起源

世界上第一个 Bug(漏洞)，出现在 1947 年发生故障的 Mark Ⅱ 计算机的继电器(一种电子机械装置，那时还没有使用晶体管)上。工程师 Hopper 正专注地工作在一台名为 Mark Ⅱ 的计算机前，突然计算机死机了，他尝试了很多次都无法启动。Hopper 用各种方法查找问题，最后定位在某个电路板的继电器上，发现了一只被夹扁的小飞蛾，它造成了继电器的短路，进而引起了 Mark Ⅱ 的宕机。Hopper 将飞蛾贴在工作笔记里，并把程序故障称为"bug(臭虫)"，后来演变成计算机行业的专业术语。

半个世纪以来，有些软件的 Bug 事件造成非常大的损失。1961 年，一个简单的软件错误导致美国大力神洲际导弹助推器毁灭，这个简单但昂贵的错误使美国空军强制要求，在以后所有的关键发射任务中，都必须进行独立的验证。从此建立了软件的验证和确认方法论，软件测试也由此开始兴起。

随着软件上错误的不断出现，导致了很多严重的问题。这时，人们开始认识到，靠制造者本身对自己产品进行检查和验证存在很大的弊端，于是引入了独立的检查者。软件测试包含了对产品制造者进行管理的含义，通过检查产品质量来对制造者进行间接管理。

1.2　软件测试的发展

软件测试随着软件行业的发展而不断发展。软件测试大概经历了如图 1 - 1 所示的几个重要阶段。

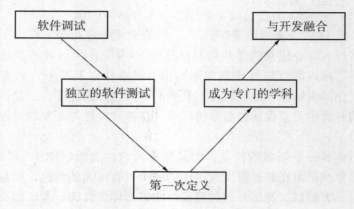

图 1 - 1　软件测试发展的几个阶段

1. 软件调试

早期的软件复杂度低，开发规模小，软件错误大部分在开发的调试阶段就解决了，测试就等同于调试。开发人员通过调试对自己的程序进行正确性测试，这个阶段是软件测试的原始阶段。现在，大部分开发工具集成了调试工具，调试已经成为开发工作中不可或缺的一部分，甚至测试脚本的开发工具也会把基本的调试功能集成进去。

2. 独立的软件测试

在二十世纪五六十年代，人们意识到仅靠调试还不够，需要引入独立的测试组织。这个阶段的测试大多在产品完成后进行，测试力度、时间有限，软件交付后依然存在大量问题。这阶段的测试，没有形成任何方法理论，主要依靠经验、猜测。

3. 软件测试的第一次定义

1973 年，Bill Hetzel 博士给出了软件测试的第一个定义，即"软件测试就是对程序能够按预期的要求运行建立起一种信心"。

1983 年，Bill Hetzel 博士对以上定义进行了修订，改为："软件测试就是一项以评价一个程序或系统的品质或能力为目的的活动。"这个阶段对软件测试的认识就是：软件测试用于验证软件产品是否能正确工作、符合要求。

4. 软件测试成为专门的学科

20 世纪 80 年代，软件行业飞速发展，人们开始重视软件质量，软件测试的理论与技术都得到了快速发展，软件测试被作为软件质量保证的手段。1983 年，IEEE（电气与电子工程师协会）对软件测试作出了如下定义：

• 使用人工或自动的手段来运行或测量软件系统的过程，目的是检验软件系统是否满足规定的要求，并找出与预期结果之间的差异。

● 软件测试是一个需要经过设计、开发和维护等完整阶段的软件工程。

从此，软件测试进入了一个新的阶段，作为一门专门学科，开始了测试理论、方法、技术的探讨，测试工具也得到了广泛的应用。

5. 测试与开发的融合

由于 20 世纪 90 年代软件开发出现了许多新模式，大部分人倾向于将软件测试与软件开发融合，开发人员担负起软件测试的责任，测试人员参与到测试代码的开发中。开发与测试的界限模糊起来。

1.3　游戏测试行业的现状

尽管软件测试已经过了几十年的发展，但相比软件开发，软件测试的发展仍较缓慢。软件测试虽受到重视，但没有理论与技术上的突破；软件企业对软件测试的投入总体偏低。美国劳工部曾发布一项预测，列出了未来 8 年间需求增长最快的 25 种职位。其中，网络系统和数据通信分析、计算机软件测试、计算机系统软件工程师等 5 个 IT 职位居于前列。在中华英才网十大热门行业统计中，计算机软件三大行业也跻身三甲之列。软件测试作为软件行业重要的组成部分，其人才需求更为紧迫，缺口很大。软件测试工程师被工信部列为国家紧缺型人才。软件测试工程师是非常有前景的行业，开发与测试人员的比例在国外是 1∶2，在国内是 8∶1，可见国内的比例严重失调。软件测试工程师成为 IT 产业最紧俏的人才，而游戏测试工程师更为稀缺。

目前，一方面，测试的重要性得到了提高，测试人员的地位也开始提高，待遇、跳槽的机会增多，导致一些测试人员不能安心努力积累经验，提高专业能力。另一方面，软件测试职位受到很多毕业生的青睐，市场上出现了一些水平参差不齐的培训机构，很多人仅仅是冲着承诺就业去学习，并不能学到真正的专业知识。分析这几年来测试人员的从业状况，发现存在以下问题：

● 基础知识不够扎实，知道一些基本的测试设计方法，但仅停留在表面的概念性了解，缺乏系统的深入学习；

● 专业技术不够精通，只停留在某个工具或软件的使用，并不清楚使用的原理；

● 没有建立起完整的测试知识体系，忽略理论知识的学习，对测试目的不清晰，对测试的工作职责理解不到位。

从历史发展的角度看，这些是测试行业在国内发展过程中必然经历的一个阶段，随着行业的规范成熟，必将步入一个稳定繁荣的阶段。

游戏测试是干什么的？游戏测试的目的就是"尽快，尽早地发现游戏产品中的缺陷，并促成缺陷的修复"。之所以要求"尽早"，是因为一个缺陷的修复成本会随着开发的进行而成指数级放大。真正严格的游戏测试应该"尽快，尽早，持续不断"地进行，测试应始终参与到开发过程。在测试过程中，测试人员是站在用户（玩家）立场上来使用游戏软件的，可以说测试人员是游戏产品的第一个用户。成功的游戏测试在于发现迄今尚未发现的缺陷，它能有效地揭示潜伏在游戏软件里的缺陷。

1.4　游戏测试行业的前景

　　游戏软件测试通常对从业者的专业技能、学习能力、专注性和职业态度等提出了很高的要求，而高校一直以来缺乏这方面的教育课程。目前，国内的几家大型游戏开发商都已经注意到了游戏测试对产品质量的重要性，纷纷招募高素质的游戏测试工程师。

　　"我不做软件，但我使软件更好。"这是很多软件测试人员的座右铭。要实现这一目标，软件测试人员就要有多项本领。"一个合格的软件测试工程师应具备专业知识背景、实际操作经验、逆向思维能力、团队合作精神、快速学习能力、较强沟通能力和责任心。"

　　在北美，游戏软件测试工程师因不同的级别而获取的薪资不同，特别是近几年，由于游戏测试越来越受重视，因此游戏软件测试工程师的薪资也节节高升。实际上，现在就业市场上最难找到的不是最佳程序员，而是最佳游戏软件测试工程师。目前大中型软件开发与测试人员比率接近1∶2，巨大的市场空缺，使软件测试工程师从初级到高级，只需要1年甚至更短的时间来完成。所以作为一名游戏测试工程师，未来的发展空间非常广阔。

　　游戏软件测试前景如何，对于游戏软件测试人而言，这是他们最为关心的话题之一。游戏软件测试工程师在软件企业中担当的是"质量管理"角色，他的职责是及时纠错，确保产品的正常运作。上班时间体验尚未上市或改版新上线的游戏，游戏测试人员的工作或许会令不少玩家羡慕。然而，实际深入游戏测试工作却是相当复杂与繁琐，他们要在有限时间内解锁几十甚至上百遍同一个任务、要测试与比对密密麻麻的物品，需要极高的抗压力、耐心、细心与逻辑分析能力。需要他们不厌其烦地测试，才能在游戏上市前找出 Bug，顺利运作上线。我国目前约有 120 万软件从业人员，但测试人员却还不足 5 万，软件测试人才缺口接近 30 万。

1.5　游戏测试与软件测试的区别

　　国内游戏测试尚没有一个完善的规范、标准、流程，游戏测试缺乏专业性。游戏程序固然是软件的一个分类，可以沿用软件测试的技术和方法，但游戏又有别于传统的应用软件，有着自身的独特性，其差异如表 1－1 所示，因此也不能完全照搬软件测试那一套。

表 1－1　游戏软件与传统软件的区别

项　　目	传统软件	Web 游戏软件
周期	周期较长，一般在一年以上	周期较短，一般在 6 个月之内

项　　目	传统软件	Web 游戏软件
时间/质量/成本	质量型项目	时间型项目
面向的客户	有稳定并可预见的客户	所有网民，不分年龄、职业、喜好
运行的环境	机器配置、网络环境事先已知	机器配置、网络环境未知
需求变更	比较频繁	无处不在

　　游戏测试作为软件测试的一部分，它具备了软件测试所有的特性：测试的目的是发现软件中存在的缺陷，需要测试人员按照产品行为描述来实施。产品行为描述可以是书面的规格说明书、需求文档、产品文件、用户手册、源代码，或是工作的可执行程序。每一种测试都需要产品运行于真实的或模拟的环境之下，每一种测试都要求以系统方法展示产品功能，以证明测试结果是否有效，以及发现其中出错的原因，从而让程序人员进行改进。

　　以鈊象电子(IGS)代理线上游戏为例，游戏测试分为代理前与决定代理后等不同阶段。在确定是否代理前，公司会由资深游戏测试人员针对这款游戏的美术、操作界面、完整性、任务、商城功能等方面进行测试，并做成评分表格，交由高层参考，决定游戏是否适合台湾游戏市场等因素，再决定代理与否。而确定游戏代理后，将视游戏专案大小，成立专门测试组负责游戏测试，会有专门测试组负责就破坏性问题、外挂、普通Bug等予以测试，看游戏是否有类似物品复制、副本直接卡墙打王、卡点、破图、任务不顺畅等问题。由于代理的线上游戏通常已经在其他国家上市，因此测试组也会搜集国外的外挂来予以测试后，再提出完整的报告给研发部门，就找出来的游戏问题给出调整建议。另外，当游戏上市后，每次更新时，测试人员也必须在有限时间内测试以往找出的 Bug 是否会再出现，并且再找出潜在的新问题。他们还要把搜集到可能的外挂全部重新测试一遍，以确保更新顺利。

　　一般而言，游戏测试人员分为正职游戏测试人员和兼职游戏测试人员，还有外包的测试人员。在游戏正式上线前会召集一些外包测试人员，依照线上休闲游戏、线上角色扮演游戏等不同类型来分类，依据专案的需求，找寻合适的外包测试人员来测试。这些外包测试员玩一段时间游戏后，会依照指定项目给予评分与意见，再交由正职人员汇总。

　　总而言之，测试就是发现问题并进行改进，从而提升软件产品质量的过程。游戏测试也具备以上的所有特性。由于游戏的特殊性，游戏测试主要由两部分组成，一是传统的软件测试，二是游戏本身的测试。由于游戏，特别是网络游戏，相当于网上的虚拟世界，是人类社会的另一种体现方式，因此也包含了人类社会的一部分特性。同时又涉及娱乐性、可玩性等独有特性，所以测试的面相当广，我们称之为游戏世界测试。游戏测试主要有以下几个特性：

- 游戏情节的测试：主要指游戏世界中任务系统的组成，有人也称为游戏世界的事件驱动，其实可以理解为游戏情感世界的测试。

• 游戏世界的平衡测试：主要表现在经济平衡、能力平衡（包含技能、属性等等），保证游戏世界竞争公平。

• 游戏文化的测试：比如整个游戏世界的风格（是中国文化主导还是日韩风格等等），大到游戏整体，小到 NPC（游戏世界人物）对话，比如一个书生的对话就必须斯文，不可以用江湖语言。

本章小结

本章介绍的是游戏软件测试的相关背景，以及游戏软件测试的现状和发展前景等。作为一名游戏软件测试从业人员，应该或多或少地了解行业的动态，这样才能向开发人员介绍和讲解测试过程。

某种程度上，游戏软件产品的竞争不仅体现在技术的先进与否，还体现在游戏软件的质量稳定性和低缺陷率。随着用户对软件质量要求的不断提高，如何有效发现 Bug，并研究 Bug 出现的原因，从而有效预防 Bug，已成为游戏软件行业的重点问题。对于那些准备进入游戏软件测试行业的人而言，机遇与挑战并存。机遇是目前游戏软件测试受到越来越多的重视，尤其是游戏软件企业意识到以前"作坊式"的生产模式不能实现"质量求生存"的目的；挑战是游戏软件测试的工作面临多方面的压力，对于新手首先面临的是测试能力的不足。

思考题

1. 你觉得目前的游戏测试行业状况如何？
2. 你对游戏测试的过程了解多少？
3. 你认为制约游戏软件测试行业发展的因素有哪些？

2 游戏测试的组织与实施原则

早期微软的开发团队中也没有独立的测试组，通常是几十或几百人参与一个项目，程序员写完程序后直接测试一下功能就了事。后来随着项目越来越庞大，开发的软件也越来越复杂，编码和测试的工作需要并行地实施，慢慢地形成了独立的测试组。在微软的产品组中开发人员和测试人员的比例大约为 3：1，Google 是 10：1，百度是 5：1。那作为游戏公司究竟开发人员与测试人员之比多少为合适？这取决于游戏软件的复杂度、公司对产品质量的要求，还与团队的开发、测试工程师的专业素质有关。测试是需要合作完成的工作，本章从游戏测试组织的架构分析当前对游戏测试员的能力需求，帮助读者找准自己的角色定位。

2.1 测试的组织形式

每一个公司都会根据自己的研发模式和对质量的认识来界定测试组织的用途以及测试人员的角色定位。不同的游戏企业会设置不同的测试组织形式和结构，即便出现两家公司的测试组织一样，但由于职责范围和沟通方式的差异，也会导致测试组织的表现形式不同，新入行的测试人员要特别注意如何快速地融入到测试工作的项目团队中。

测试的组织形式如果按测试人员的从属关系，可分为项目型和职能型两大类：

（1）项目型测试组织是指测试人员作为项目组成员始终参与到项目中，从头至尾跟着项目走。一般不会有测试组长，测试的管理由项目主管负责。

（2）职能型测试组织是指测试人员以独立的测试部门被委派参与到项目中，测试人员有可能不只是测试一个项目产品，而是同时测试多个项目。

这两种方式各有利弊，项目型的优点是测试人员参与的力度大，能深入了解项目的各种信息，能稳定有效地测试出更多细节问题；但由于受项目负责人的管理，在对 Bug 的处理上容易放松要求。职能型组织能避免项目型的部分问题，还能节省测试资源，但会因为测试深入程度不够导致测试表面化。

一个理想的测试组织是综合兼容了几种结构方式的组织。例如：可以将项目型和职能型结构进行融合，成立独立的测试部门。部门经理根据各项目组的请求，结合公司对项目的投入和重点方向，委派合适的测试人员加入项目组，稳定持续地跟进项目，在项目的各个阶段都参与。形成的测试结果和报告作为评估软件产品质量的必要参考信息。综合型测试组织如图 2－1 所示。

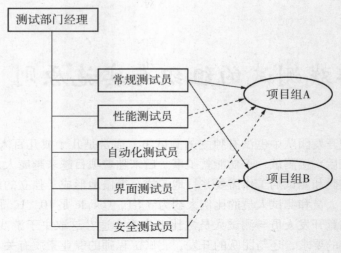

图 2 - 1 综合型测试组织

常规测试员即参与到项目组的测试专员，性能测试工程师、自动化测试员、界面及安全测试工程师等负责专项测试领域，在项目发生专门的测试需求时，调用到项目组重点解决专项的测试问题。

2.2 测试规范

一个测试团队如果缺乏规范和制度，就不能成为一个高效率的组织。测试人员共同遵循相同的规范可以减少不必要的沟通成本，有助于测试人员看懂相关的文档，快速融入到项目组。测试规范既是测试人员测试的准则，也是与开发人员合作的契约，因此良好的测试规范应包括内部和全局两方面。

（1）内部规范是指测试人员在测试工作过程中需要遵循的规范，一般包括以下内容：

●软件测试方法指南，这是测试人员在进行各类测试时的规范化要求。例如：在做安装包测试时一定要进行安装、卸载、重安装过程；一定要检查注册表和文件的改变是否符合要求等等。通过制订规范，可以有效统一测试人员的行为，避免不同的测试员进行测试时出现偏差。

●测试用例设计规范，一般包含测试用例的模板以及测试用例设计的要求。比如，每个测试用例必须包括测试用例执行的估计时间、优先级别等。

●缺陷录入规范，用于测试员规范化的 Bug 录入过程，包括录入的格式、要素和 Bug 描述需要注意的事项。

●测试计划规范，一般包含测试计划的模板以及对测试计划内容的要求，例如测试的进度、时间安排；测试需完成的任务等。

● 测试报告规范，包括测试报告的模板以及对测试报告的要求。例如，测试报告需要包括的要素，测试报告分析等方面。

● 测试工具使用规范，指出测试人员在哪些环节使用什么工具，工具的参数设置需要注意哪些问题。例如，在做回归测试时，可使用 TestComplete 软件，并统一用 Lua 脚本语言。

（2）全局的规范是指测试人员与其他项目成员之间需要共同遵循的规范，包括以下内容。

● 缺陷分类规范：指出如何将 Bug 进行分类。测试人员按照缺陷分类规范指定 Bug 的类型，以利于缺陷的分析统计，以及产品质量的评估。

● 缺陷等级划分规范：标识出 Bug 的严重程度和优先级。测试人员按照规范衡量某个 Bug 属于什么级别的缺陷。对缺陷进行等级划分有利于开发计划的优先级划分，便于对产品质量进行评估。

● 测试提交流程规范：开发人员提交某项完成的功能模块给测试人员时应遵守的流程。

● 缺陷状态变更规范：项目组不同角色（包括测试员和程序员）对 Bug 状态的修改权限和更改应遵循的流程。例如，规定开发人员不得私自将 Bug 修改成"Rejected"或"Delay"状态，必须得到项目经理或测试负责人的同意。

2.3 游戏测试人员的素质要求

多数人容易将游戏测试与游戏测评混淆，认为是门槛较低的简单工作。实际上，一名优秀的游戏测试人员所要具备的素质远远不止会使用鼠标键盘玩游戏那么简单，至少要具备良好的心理素质、正确的测试态度和缜密的思维能力。游戏测试就是在探索中学习游戏软件产品，理解用户需求，然后用测试和调查来验证产品是否满足用户的要求。因此，从事游戏测试工作需要如下一些特定的性格特征。

（1）好奇心：对游戏功能的好奇会驱使测试员去探索程序员的代码是怎么写的，弄清楚游戏究竟能承受多少个并发用户的访问，研究玩家会用哪些方法来体验游戏。好奇心会让测试人员不断发现新问题。

（2）成就感：程序员的成就感来源于创造和建设，而测试人员的成就感来源于破坏，据说美国国防部就聘请了黑客来帮助预防遭受攻击。在测试工作中，可以尽情地尝试破坏软件，破坏的目的就是找到缺陷，以证明软件的承受力、健壮性和容错性等。

（3）全面的思维能力：衡量测试工作好坏的是测试的覆盖面。一个测试思维力全面的测试员，能从不同角度整体看待事物，避免测试的"盲区"出现。同时，善于怀疑的人也会发现更多的 Bug，抱着怀疑的态度去看需求文档，确保有足够的数据支撑测试计划。甚至测试人员还要抱着怀疑自己的态度，时刻思考着："测试够不够充分，还有哪些场景没有考虑到，有没有其他数据类型？"这样就会不断产生新的测试点。

（4）责任感：开发人员一般不喜欢别人批判自己的程序，尤其是被指出的问题会造成程序大改动时，都会产生抵制的态度。责任感是一个合格测试人员必备的基本素质，如果缺乏责任感，就容易放过一些 Bug；同时，在面临高强度的压力下就容易选择回避，在做重复而繁琐的回归测试中出现松懈和疏忽。

如何培养这些性格特性以更好地适应测试工作？这就要与项目组成员多沟通交流，多接触相关产品，多查看其他人录入的 Bug，多阅读需求和设计文档。这些都是提高思维全面性的好方法。正确对待游戏测试，在高强度的测试工作压力下，不断学习层出不穷的新测试技术、测试理论和测试工具。

2.4 游戏测试人员的技能要求

作为游戏开发人员可以仅仅具备某项编程语言的能力就能胜任开发工作，但测试人员却要求了解更多的知识。因为测试的项目包含方方面面，不同的项目使用的技术不一样，涉及的业务领域也不同，需要使用的测试方法和测试工具不尽相同，所以对测试人员的技能要求较高。将测试人员需要掌握的技能细分，可以分成 4 大类，如图 2-2 所示。

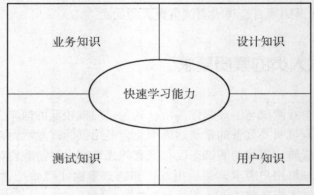

图 2-2 测试技能分类

1. **业务知识**

业务知识总体来看是对项目涉及的领域知识的分析和理解。对业务知识了解得越多，测试就越贴近用户的实际需求，就不会只停留在功能操作的正确性层面，而会注意到用户非常关注的问题。

2. **设计知识**

测试人员对游戏软件产品设计、架构方面的相关信息了解得越深入，越有利于把测试的范围展开。例如，在做游戏的性能测试时，如果不了解游戏程序的架构和分层，则很难把性能测试做到完整，提交的测试报告只能表明性能存在问题，但具体的瓶颈在哪里，是界面响应还是网络传输，或是服务器的处理能力，就很难分析出来。

3. **测试知识**

测试人员一般不做编码工作，但至少要懂得如何使用开发工具的编译功能等基本操作。有时，一些 Bug 是比较难重现的，甚至可能只在测试机器上才会出现。这时，测试人员应该使用开发工具运行程序，当程序出现异常时，自动定位到异常代码处，然后将信息反馈给开发人员调试。特别是在白盒测试中，对代码的理解要求更高。

现在大部分软件开发组织都使用统一建模语言（UML）设计和开发，UML 中的用例图可以指导测试人员进行功能测试；类图则可用于划分单元测试；状态图和活动图可用于指导测试用例的设计；时序图可用于系统测试、流程测试；构件图可指导单元测试和回归测试；配置图则有助于性能测试、环境测试以及兼容性测试等。因此测试人员也非常有必要了解 UML 的相关知识。

测试工具可以说是测试工作中的有力"武器"，测试人员可以使用测试工具来寻找 Bug，目前常用的测试工具如表 2-1 所示。值得一提的是，不同的项目采用的测试技术手段有可能不同，采用的平台、开发工具、语言、引擎也不完全一致，可能出现某个测试手段在 A 项目运用得很顺利，但移植到 B 项目就行不通的情况。例如：在 B/S 架构的项目 A 中使用 LoadRunner 可以录制脚本，而到了 C/S 架构的 B 项目就录制不成功，原因有可能在于前者是使用 HTTP 协议，而后者是 ADO. NET 2.0 协议。所以，优秀的测试人员必须懂得针对具体项目的上下文和环境，使用不同的测试手段和测试工具。

表 2-1　常用自动化测试工具

工具名称	来源	类型	费用	功能描述
WinRunner	Mercury 公司	功能性测试	收费昂贵	自动重复执行某一固定的测试过程，以脚本的形式记录下手工测试的一系列操作，在环境相同的情况下重放，检查其在相同环境中有无异常的现象或与实际结果不符的地方
LoadRunner	Mercury 公司	性能与负载压力测试	收费昂贵	通过模拟实际用户的操作行为和实时性能监测，来帮助更快查找和发现问题
QuickTest Pro	Mercury 公司	功能测试回归测试	收费昂贵	B/S 系统的自动化功能测试的利器，可以覆盖绝大多数的软件开发技术，并具备测试用例可重用的特点。它自动捕获、验证和重放用户的交互行为
TestDirector	Mercury 公司	测试管理	收费昂贵	基于 Web 的测试管理工具，能够系统地控制整个测试过程，并创建整个测试工作流的框架和基础，可以与 Mercury 公司的测试工具、第三方或者自主开发的测试工具、需求和配置管理工具、建模工具整合。可以进行需求定义、测试计划、测试执行和缺陷跟踪，即贯穿整个测试过程的各个阶段
JUnit	开源	单元测试，回归测试	免费	JUnit 测试是程序员测试，即所谓白盒测试。JUnit 是一套框架，继承 TestCase 类，可以用 JUnit 进行自动测试

4. 用户知识

测试应该始终站在玩家用户、使用者的角度，而不是站在开发人员的角度来衡量问题。因此，测试人员必须掌握用户的心理模型、用户的操作习惯等。通常，玩家用户体验、界面交互、易用性、可用性这些方面的小 Bug，往往是使用者非常关注的问题，甚至会影响一个产品的成功与否。

除此以外，掌握一定的编程知识，可以让测试人员做更多层面的测试，还可以自己编写测试小程序来帮助自己进行某些特殊测试。但测试人员的编程技巧与开发人员所需要的是不一样的。开发人员要求更专业一些，需要深入了解很多语言的特性，而测试人员不需要追求精致的语言应用，只要能快速有效地解决测试方面的问题。因此，脚本类的编程语言备受测试人员的欢迎，如：Perl、Python、Lua 等。同时，测试工作的成果集中体现在缺陷报告、测试报告等文档中，因而一个出色的测试人员还要善于在文档中合理组织语言，多用简短精练的表达，体现清晰的测试思路，并且尽量遵循规范。

2.5 游戏测试应遵循的原则

游戏测试的基本原则是站在用户的角度，对产品进行全面的测试，尽早、尽可能多地发现缺陷，并负责跟踪和分析产品中的问题，对不足之处提出质疑和改进意见。游戏测试中，零缺陷是一种理想，"足够好"（good enough）才是测试的原则。

2.5.1 Good enough 原则

Good enough 原则是指测试的投入跟产出要适当权衡，测试不够充分是对质量不负责任的表现。但是投入过多的测试，则会造成资源浪费。游戏测试的投入与产出关系如图 2-3 所示。

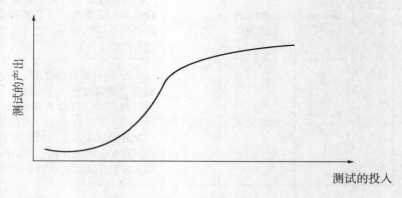

图 2-3 测试的投入与产出关系

随着游戏测试的投入，测试的产出基本上是增加的；但是当测试投入增加到一定的程度后，测试效果并不会有非常明显的增强。如果在一个测试项目中盲目地增加测试资源（测试人员、测试工具等），并不一定能带来更高的效率和更大的效益。因为增加人员或工具，同时也会增加沟通、培训和学习的成本。尤其是在时效性很强的游戏项目、进度比较紧迫的测试项目中，为了加快测试的进度而盲目增加资源，可能会适得其反。

零缺陷是理想的状态，而 Good enough 则是合理的追求，应该根据项目实际要求和产品的质量要求来考虑测试的投入。适当加入其他的质量保证手段，例如代码评审、需求评审、设计评审等，可以有效地降低对测试的依赖，并且确保软件缺陷能尽早发现，从而降低总体质量成本。

2.5.2 帕累托原则

帕累托（Pareto）原则，即著名的"二八"原则，是维弗雷多·帕累托（Villefredo Pareto）在 1879 年提出的：社会财富的 80% 掌握在 20% 的人手中，而余下 80% 的人则只占有 20% 的财富。后来，这种"关键的少数和次要的多数"理论被广泛应用在社会学和经济学中，并称之为 Pareto 原则。

在游戏测试行业中的"二八"原则，是指 80% 的 Bug 在分析、设计、评审阶段就能被发现和修正，剩下的 16% 则需要由系统的测试来发现，最后剩下的 4% 左右的 Bug 只有在用户长时间的使用过程中才能暴露出来。测试不能保证发现所有的错误，但是测试人员应该尽可能多地发现错误，不让应该在开发阶段出现的错误逃逸到用户手中。可以根据这个分布来定义缺陷逃逸率，即多少缺陷在游戏发布前未测试出来"逃逸"到用户手中。通常一个游戏的维护成本是开发成本的 40% 以上，并且用户越多，发现的缺陷也越多，维护成本也会相应提高。

2.5.3 尽可能早测试

越早发现缺陷，修改的代价越小；反之，越晚发现错误，修复程序需要付出的代价就越高。如图 2-4 所示，修改缺陷的代价成倍增长，到了游戏发布后才发现问题再进行修复，则需要多花百倍甚至上千倍的成本。

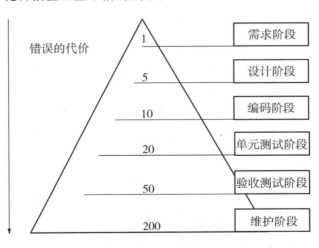

图 2-4 不同阶段修改 Bug 的代价

2.5.4　聚集效应

生活中有"物以类聚"的说法，软件缺陷的聚集效应是由缺陷出现的阶段程序员的开发状态或者缺陷出现的代码范围的复杂度导致的。一旦测试时发现某个模块的 Bug 有集中出现的迹象，就应该对这些缺陷集中的模块进行更多的测试和回归验证。

测试员在同一个项目工作的时间越久，越有可能忽略一些明显的问题。例如：对于界面操作，由于测试员重复使用同一个软件而产生熟练感，就会忽视易用性问题和用户体验问题。在测试过程中需要通过轮换、交叉测试，充分利用不同人员对待游戏的不同视角和观点，来避免聚集效应。

本章小结

本章主要介绍了项目型和职能型两种不同类型的游戏软件测试的组织形式，以及测试人员在这些团队中的职责和作用。任何游戏软件企业，它的测试工作都是在某种组织形式下开展的。仅仅具备一定的测试理论知识，会使用几个流行测试工具，不代表可以成为一个优秀的游戏测试人员，测试技能只是进行游戏测试需要掌握的一部分。做测试还应该掌握一定的编程能力，能看懂 UML 统一建模语言，并且具备良好的文档书写能力。

思考题

1. 你觉得测试人员除了测试技术外，还需要掌握哪些方面的技能？
2. 如果让你来带领一个测试团队，你会做哪些工作？

3 游戏软件质量缺陷

游戏测试是游戏软件质量保证的一个重要手段。读者要先了解游戏软件质量的概念，然后更好地理解软件 Bug 是什么，以及游戏测试中的白盒和黑盒方法、静态和动态的方法等内容，最后建立一个完整的游戏测试概念，包括游戏测试的过程管理、游戏测试技术等。

3.1 游戏软件质量的内涵

软件质量建立在一般产品质量的概念及理论的基础之上，既具有一般产品质量特性，又具有软件自身的特性。游戏软件的高质量是一个游戏成功的必要条件，由游戏软件产品的质量、游戏软件开发过程的质量、游戏软件在商业环境中所表现的质量三部分综合形成。

1. 产品质量

产品质量是人们用科学的方法衡量产品的属性和行为。游戏软件产品质量一般体现在以下几个方面：

- 功能性（functionality）——游戏实现的功能达到设计规范和满足用户需求的程度。
- 可用性（usability）——玩家对游戏操作、输入和输出的理解程度。
- 可靠性（reliability）——规定时间和条件下，游戏能维持正常的功能、性能程度。
- 性能（performance）——游戏实现某种功能所需要的资源（内存、CPU 占用）程度。
- 容量（capacity）——游戏系统特定的需求所能容纳的最大量，如 Web 系统能承受多少并发用户访问等。
- 可测量性（scalability）——游戏系统某些特性可以通过一些量化的数据指标描述其当前状态或理想状态。
- 可维护性（maintainability）——游戏运行环境改变或发生错误时，修改的程度。
- 兼容性（compatibility）——游戏从一个设备系统或环境移植到另一个设备的难易程度，或者是一个系统和外部条件共同工作的容易程度。兼容性体现在多个方面，如系统的软件和硬件的兼容性、不同版本的系统和数据的兼容性。
- 可扩展性（extensibility）——将来功能增加、系统升级的能力。

2. 过程质量

按照一定规程来组织复杂系统的开发过程，以达到合理的目标。规程由一系列活动形成方法体系，建立严格的工程控制方法。目前主流的工程规范主要有以下 3 种：软件能力成熟度模型 CMM；国际标准过程模型 ISO 9000；软件过程改进和能力决断 SPICE。

3. 在商业环境中体现的质量

检验商业游戏的质量最终还是在商业环境中体现。游戏在市场中表现的好坏，不一定与产品质量和游戏开发过程质量保持同步，一款好的游戏产品也许没有好的市场效应。原因很多，因为游戏软件产品会涉及许多相关因素，包括游戏发布的日程安排、商业风险评估、游戏产品的客户、维护和服务成本等。比如，一款游戏的新版本在界面上做了彻底的改变，从产品本身来看界面变得非常友好，是质量好的一种表现，但对于以前老玩家而言不一定能适应这种太大的变化，可能会给游戏推广带来一定阻力。

3.2　游戏软件缺陷

由于游戏开发人员思维上的主观局限性，以及游戏系统的复杂性，在开发过程中出现错误是不可避免的，但过多或严重的错误就会引起程序的失效。游戏软件错误产生的主要原因有：

- 需求规格说明书包含错误的需求、漏掉一些需求，或没有准确表达客户需求；
- 需求规格说明书中有些功能不可能或无法实现；
- 系统设计中存在不合理；
- 程序代码中存在错误的算法、复杂的逻辑等。

游戏测试是为了发现游戏软件产品所存在的任何意义上的软件缺陷(Bug)，从而纠正这些缺陷，使游戏系统能更好地满足用户需求。

3.2.1　软件缺陷的定义

软件缺陷，即计算机系统或者游戏程序中存在的任何一种破坏正常运行能力的问题、错误，或者隐藏的功能缺陷、瑕疵，最终表现为用户需要的功能没有完全实现，没有满足用户的需求。在 IEEE 1983 of IEEE Standard 729 中对软件缺陷下了一个标准的定义：从产品内部看，软件缺陷是软件产品开发或维护过程中所存在的错误、异常等各种问题；从外部看，软件缺陷是系统所需要实现的某种功能的失效或违背。软件缺陷表现的形式有很多种，不仅仅体现在功能的失效上，主要类型有：

- 功能没有实现或与规格说明不一致的问题；
- 不能工作(死机、没反应)的部分；
- 不兼容的部分；
- 边界条件未做处理；
- 界面、消息、提示、帮助不够准确；
- 屏幕显示、打印结果不正确；
- 有时把尚未完成的工作也作为一个缺陷。

例 1　"文本文件保存错误"。在 Windows XP 桌面上新建一个文本文档，输入"联通"两个字，并保存退出，如图 3-1 所示。退出后再次打开这个文本文件时，刚才输入的内容变成了乱码，如图 3-2 所示。

图 3-1　记事本完成输入

图 3-2　保存后打开 Bug 示例

例 2　"共享文件夹名超长度时提示错误"。Windows XP 支持的最大共享文件夹名长度为 80 个英文字母或 40 个汉字，但设置共享文件夹名时可输入的范围是 80 个英文字符或 80 个汉字，如果共享文件夹名在 41～80 个汉字之间，系统会提示"该共享名包含无效的字符"，如图 3-3 所示。其实真正的原因是共享文件夹名超长。

图 3-3　提示出错 Bug 示例

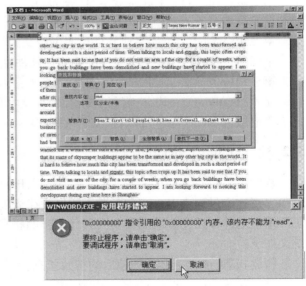

图 3-4　程序崩溃 Bug 示例

例 3　"替换字符串长度未作限定"。Word 2000 中，如果替换字符串长度过长，则会引起程序崩溃，如图 3-4 所示。

3.2.2　缺陷的种类

美国商务部国家标准和技术研究所（NIST）进行的一项研究表明，软件中的 Bug 每年给美国经济造成的损失高达 595 亿美元。说明软件中存在的缺陷所造成的损失是巨大的。这也从侧面再一次说明测试工作的重要性。如何尽早彻底地发现游戏软件中存在的缺陷是一项复杂的工作，反映游戏开发过程中需求分析、功能设计、用户界面设计、编程等环节所隐含的问题。

各种缺陷所造成的后果是不同的。缺陷一旦被发现，就要找出引发缺陷的原因，分析对产品质量的影响，然后确定缺陷的严重性和处理这个缺陷的优先级。比如：游戏只能通过键盘操作而不能使用鼠标，这有可能导致很多不习惯键盘操作的玩家流失。游戏测试发现的大多数问题可能不是那么明显、严重，而是难以察觉的简单而细微的错误。通常，问题越严重，其优先级越高，越要得到及时的纠正。测试需要根据缺陷的严重程度进行分类，然后，进行不同的处理。可以把 Bug 划分为七级：

第一级（blocker）：致命的错误，引起操作系统"死机"或"崩溃"的错误；

第二级（critical）：引起游戏本身"挂起"或"崩溃"的错误，或造成数据丢失、主要功能完全丧失等；

第三级（major）：不能完成软件说明书定义的功能的错误；

第四级（normal）：程序所完成的功能与软件说明书定义不符的错误；

第五级（minor）：显示方面的错误；

第六级（trivial）：其它"轻微"的错误（如文本差错）；

第七级（enhancement）：增强或者改进。

3.2.3　缺陷的生命周期

软件缺陷（Bug）的生命周期就是指 Bug 从开始提出到最后完全解决，并通过复查的过程。在这个过程中 Bug 报告的状态不断发生着变化，记录着 Bug 的处理进程。缺陷除了严重性之外，还存在缺陷处于一种什么样的状态便于跟踪和管理缺陷。将 Bug 的状态定义如下：

新建状态（new）：Bug 创建后的初始状态。

已分配状态（assigned）：确认为软件问题后分配给开发人员的状态。

待验证状态（resolved）：开发部门对软件问题进行处理或修改后的状态。

重新打开状态（reopened）：开发部门修改后，经过验证，如果软件问题仍然存在，则将其状态改为"重新打开"状态。对于"关闭/延迟修改"状态的软件问题，如果时机成熟，需要重新开发，则将其状态改为"重新打开"状态。

关闭状态（closed）：Bug 生命周期的结束。

解决状态（verified）：经测试部门对修改后的软件问题进行验证并确认修改正确后的状态。

未经证实状态（unconfirmed）：由开发人员自己提交的 Bug，是一种初始状态，待测试人员确定后变为"New"。

3.3 游戏软件开发模式

游戏开发模式与游戏测试息息相关，要了解如何测试游戏就必须了解它的开发过程，才能真正测试好游戏。传统软件开发一般在软件需求完全确定的情况下，会采用线性模型，如图 3 – 5 所示。

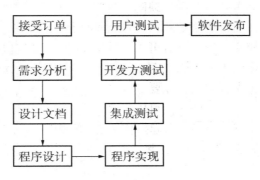

图 3 – 5　传统软件的开发过程

游戏要成功，其必要条件有三，分别为设计（vision）、技术（technology）和过程（process）。三个条件，缺一不可，如图 3 – 6 所示。在游戏开发过程中，通用软件的需求分析阶段被策划所代替，但起的作用是一样的，明确游戏的设计目标(包括风格、游戏玩家群)、游戏世界的组成，将为后期的程序设计、美工设计、测试提出明确要求。由于开发具有阶段性，因此测试与开发的结合就比较容易。游戏测试的工作与游戏的开发往往是同步进行的，只有每个开发阶段都进行测试，才能深入地了解系统的整体与技术细节，从而提高测试人员对错误问题的准确判断，并且可以有效保证重要游戏系统的稳定。

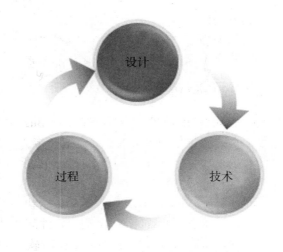

图 3 – 6　游戏开发周期

- 设计：是对尚未实现的游戏总体上的把握、前瞻性的理解与策略性的考量。
- 技术：要通过技术来实现设计。
- 过程：要创造高品质的游戏，尚缺重要的一环，即过程。制造游戏是一个时间非常长的动态过程。游戏产品质量由动态的质量测试过程来保证。过程由很多复杂的相互牵制的环节与部件组成，任意环节或部件出了问题都会对最终的产品形成质量上的影响。因此对这个动态的过程，一定要有规划与控制，以保证按部就班、按质按时完成工作。

SCMM（software capability maturity model）软件成熟模型提供了阶梯式的进化框架，将软件过程改进的步骤组织成 5 个成熟等级，为过程不断改进奠定了循序渐进的基础，但在实施的过程中仍然存在不少问题。对于游戏开发，没有一个固定的模式可以遵循，游戏开发的过程实际上也是软件开发过程，不过是特殊的游戏软件开发过程，它们的各个生命周期还是相通的。由于网络游戏的生命周期一般为 3～4 年，因此采用迭代式的开发过程，既可以适应网络游戏本身这种长周期的开发，又可以利用 RUP 的迭代式开发的优点与 CMM 的里程碑控制，从而达到对游戏产品的全生命周期的质量保证。所以业界总结了一套以测试作为质量驱动的、属于自己的开发过程，如图 3-7 所示。

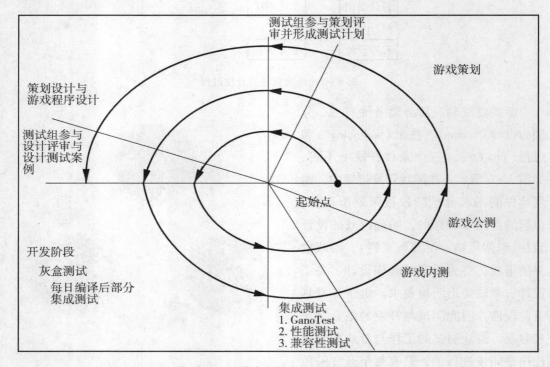

图 3-7　以测试为驱动的游戏开发过程

本章小结

游戏测试是游戏质量保证的手段，游戏测试必须基于质量和客户这两个最基本的概念展开。质量决定了玩家的满意度，而测试就是时刻从玩家的角度出发，确保游戏产品满足客户的实际需求。游戏软件质量的内涵不仅在于游戏产品的质量上，还包括游戏软件开发过程的流程质量，以及游戏产品所要适应的业务环境质量。

游戏测试的目的之一就是尽快尽早地发现缺陷。软件缺陷是由游戏软件本身、团队工作和技术问题等多方面因素引起的，而且集中在需求分析、系统设计两个阶段。游戏测试不仅是一项技术工作，还是一项游戏软件产品质量的组织和管理工作。

思考题

　　游戏产品的缺陷有哪些？

4 游戏测试过程

很多人有这样一个观点：在软件开发完毕后，再进行测试。殊不知，这种观点有悖于软件开发的生命周期。软件缺陷的发现越早越好，这样才可以有效规避风险，而在"最后进行测试"的测试观念指导下测试工作必将会产生很多问题。通常，到了测试阶段，测试的主要任务是运行测试，形成测试报告。而想要提高游戏的质量，则测试必须在早期介入，诸如测试计划、测试用例的确定以及测试代码的编写等都要在更早的阶段进行。如果把测试放在最后阶段，就错过了发现架构设计和游戏逻辑设计中存在严重问题的最好时机，届时要修复这些缺陷将很不方便，并要付出更大的代价，因为缺陷已经扩散到系统中去，将很难寻找与修复。

游戏测试的过程分成若干个阶段，每个阶段各有特点，有些阶段虽然不是测试的主要工作，但却是一个成功的测试不可或缺的重要组成部分，测试的各个阶段应该组成一个戴明循环 PDCA（plan do check action），来达到提高测试质量的目的。PDCA 是一种质量改进的模型，即首先在分析了解需求的前提下对测试活动进行计划和设计；然后按既定的策划执行测试和记录测试；再对测试的结果进行检查分析；最后形成测试报告。

4.1 游戏制作过程

游戏制作是从游戏创意到成为商业产品的全过程。除了前期的市场调研外，整个游戏制作流程大致分为游戏策划、美术资源制作、程序开发、游戏测试、运营上市几大阶段。

1. 游戏策划

游戏策划就像编剧和导演，要规定游戏的世界构成，规定种族、气候，要确定在什么地方出现怪兽让玩家觉得刺激好玩，设计各种各样的武器和装备吸引玩家等。换言之，要设计游戏的背景故事、世界观、大陆布局、规则玩法、剧情对白、游戏任务、各种数值等。游戏策划师是游戏的灵魂人物，是游戏行业中非常稀缺的人才。

2. 美术资源制作

策划文档分为技术设计文档、背景艺术文档和商业计划文档。背景艺术文档将指导下一阶段的美术资源制作，它包括：原画设定、模型贴图、角色动画、特效和音效制作等。

- 游戏原画设定：游戏原画设定是一个承上启下的重要环节，也是一项最具创造力的工作。游戏里各种天马行空、非常具有想象力的人物、怪物形象，场景设计都是出自原画设计人员之手。但原画要考虑到游戏文档里对游戏角色、场景的设定要求，也要确保三维美术设计师的三维具体制作能顺利进行。

- 模型贴图制作：针对各种原画设定的艺术风格和技术风格，运用 3D 制作技术具体建立游戏世界，包括角色、道具、场景等。它包括模型制作、贴图制作两个流程。游戏类型不同(网游、次世代等)，模型贴图的制作工艺要求和流程也不同。
- 游戏角色动画：游戏中大都存在着种类繁多的人物、怪物和各种不可思议的动物、植物，以及水流、岩浆、沼泽等各种地形地貌。为了让这一切栩栩如生，游戏动画设计师通过三维绘图软件赋予其逼真的动作，让人物合理地生活在游戏世界中。
- 游戏特效制作：游戏角色在格斗，或者施放魔法、各种必杀技时，玩家都会看见非常绚丽的视觉效果。这种视觉效果就是游戏特效师的工作。游戏特效师从分镜设计、切片动画、特效贴图制作、粒子特效制作到后期合成，将特效设计思想制作成特效。

3. 程序开发

在策划阶段后期，产生技术设计文档，这一文档将运用于程序开发。程序开发包括：引擎编写、脚本编写和代码测试，撰写程序需求分析书。程序需求分析包括以下内容：

- 地图编辑器：包括编辑器的功能需求、各种数据的需求等；
- 粒子编辑器：关于粒子编辑器的需求；
- 内镶小游戏：包括游戏内部各种小游戏的需求；
- 功能函数：包括游戏中可能会出现的各种程序功能、技术参数、数据、碰撞检测、AI 等方面的需求；
- 系统需求：包括升级系统、道具系统、招式系统等系统导入器的需求。

4.2 游戏测试分类

在游戏开发过程中，通用软件的需求分析阶段被策划所代替，但起的作用是一样的。明确游戏的设计目标(包括风格、游戏玩家群)、游戏世界的组成，为后期的程序设计、美工设计、测试提出明确的要求。从图 3 - 7 中可以看到，测试的工作与游戏的开发是同步进行的，每一个开发阶段中都有测试的参与，能够深入地了解系统的整体与大部分的技术细节，从而提高了测试人员对错误问题判断的准确性，并且可以有效保证重要游戏系统的稳定。在游戏测试中，较多采用的是封测、压力测试、内测。

1. 封测

网络游戏最初向部分玩家开放，让玩家体验游戏并找出游戏中的漏洞，最后进行游戏删档。网络游戏的封测是游戏正式发布之前非常重要也是必须经历的品质检验过程，参加封测的所有人都是游戏的品质检验员，可以说这些人就是游戏研发的特殊成员。网络游戏的设计目标是保证极大数量的玩家同时在线娱乐，因此世界上任何一家游戏公司都不可能自己在公司内部凭借有限的测试队伍对游戏进行深入彻底的测试，而需要邀请有经验、负责任、对游戏有独到和深刻见解的玩家们参与测试。只有这样，才能保证测试游戏的每一个细微环节，才能根据玩家所提供的意见和建议对游戏进行必要的修正与完善，才能在最大限度上保证将来最终产品公布时的品质。而这也是互联网行业区别于传统行业的优势之一，尽管每一家公司都希望自己的产品在上市之前能够了解到更多用户的意见，但只有网络游戏才能真正组织到大量用户对产品进行真实的测试，并与这些用户一起完成最终产品。

2. 压力测试

压力测试是对系统不断施加压力的测试，是通过确定一个系统的瓶颈或者不能接收的性能点来获得系统能提供的最大服务级别的测试。压力测试包括以下几方面内容：

（1）服务器方面考虑每台服务器最大的承压能力，在允许范围能保证多少人在线，如果超过这个正常数值采取什么应对办法。

（2）考虑服务器地图切换同一地图场景时在线人数过多的应对办法。

（3）测试游戏正常运行所需要的最低网络带宽数值，并且考虑电信与网通互访的问题（如果采用分线路服务器另说）。

（4）数据库考虑表是否足够细分，是否符合范式，是否按照数据库的建模语言做的数据库架构。关键是要先分析在整个游戏中的不同操作，哪些常用，哪些不常用，常用的最大并发量是多少，然后模拟尝试确认系统的最大负载能力，到后期就是性能调优的过程。

3. 内测

内测是相对于公测而言的，其实内测就是游戏制作商、游戏代理商以及相关的策划人员对游戏的运行性能、游戏的文化背景，以及游戏系统方面的问题进行技术阶段的全面测试。步骤非常详尽，具体到游戏中人物的服饰、动作、语言。游戏内测主要涉及由玩家测试并向游戏公司反馈使用情况和存在的问题，以促进游戏的进一步完善。在内测阶段，游戏公司邀请一部分玩家对游戏运行性能、游戏设计、游戏平衡性、游戏 Bug 以及服务器负载等进行多方面测试，以确保游戏在公测后能顺利进行。内测结束后进入公测，即公开测试，内测资料进入公测通常是不保留的，但现在越来越多的游戏公司为了奖励内测玩家，采取公测奖励措施或直接进行不删档内测。

4.3　游戏测试流程

如果测试人员不了解游戏是由哪几个部分组成的，那么执行测试就非常困难。制定测试计划非常重要，它可以明确测试的目标、需要什么资源以及测试进度的安排。通过测试计划，既可以让测试人员了解此次游戏测试中哪些是测试重点，又可以与产品开发小组进行交流，了解游戏的组成。

4.3.1　游戏测试与策划

在游戏开发过程中，测试计划的来源是策划书。策划书包含了游戏定位、风格、故事情节、要求的配制等。在策划评审中，高级测试人员可以参与进来，得到详细的游戏策划书，从中了解到游戏的组成、可玩性、平衡(经济与能力)与形式(单机版还是网络游戏)。测试人员在这一阶段主要的工作就是通过策划书制定详细的测试计划，主要分3个方面：

(1)游戏程序本身的测试计划，比如任务系统、聊天、组队、地图等由程序来实现的功能测试计划；

(2)游戏可玩性的测试计划，比如经济平衡标准是否达到要求、各个门派技能平衡测试参数与方法、游戏风格的测试；

(3)游戏性能的测试计划，比如客户端的要求、网络版对服务器的性能要求。测试计划书中还写明了基本的测试方法，要设计的自动化工具的需求，为后期的测试打下良好的基础。

同时，由于测试人员参与策划评审，资深的游戏测试人员与产品经理对游戏有很深入的了解，会对策划提出自己的看法，包含可玩性、用户群、性能要求等，并形成对产品的风险评估分析报告。这份报告不同于策划部门自己的风险分析报告，主要从旁观者的角度对游戏本身的品质作充分的论证，从而更有效地对策划起到控制的作用。

4.3.2　游戏测试与设计

设计阶段是做测试案例设计的最好时期。很多组织要么根本不做测试计划和测试设计，要么在即将开始执行测试之前才匆忙地完成测试计划和设计。在这种情况下，测试只是验证了程序的正确性，而不是验证整个系统本该实现的功能。测试计划不仅要指明需要测试哪些游戏系统，还要体现游戏系统的组成。而设计阶段则是设计系统的过程，只有重要系统的质量得到充分的测试，游戏程序的质量才可以得到充分的保证。所有的重要系统均是用 UML 状态图进行详细的描述，资深的测试人员要具备的一项基本素质，就是可以针对 UML 的用例图、时序图、状态图设计出重要系统的测试案例。同时在设计评审时，测试人员的介入可以对当前的系统架构发表自己的意见，由于测试人员的眼光是最苛刻的，并且有多年的测试经验，可以比较早地发现曾经出现的设计上的问题，比如在玩家转换服务器时是否做了事务的支持与数据的校验。在过去设计中由于没有事务支持与数据的校验而导致玩家数据丢失，测试人员提出后，这些风险可以在早期就规避掉。

以上所述是对游戏程序本身的测试设计，对于游戏情节的测试则可以从策划获得。由于前期的策划阶段只是对游戏情节大方向上的描述，并没有针对某一个具体的情节进行设计，进入设计阶段时，某个游戏情节逻辑已经完整地形成了。策划可以给出情节的详细设计说明书(任务说明书)，通过任务说明书可以设计出任务测试案例，比如某一个门派的任务由哪些部分组成，可以设计出完整的任务测试案例，从而保证测试最大化地覆盖到所有的任务逻辑，如果是简单任务，还可以提出自动化需求，采用机器人自动完成。

4.3.3　游戏测试与开发

一直有人认为，开发与测试是不可以平行进行的，必须先开发后测试。但是软件的开发过程又要求测试必须早期介入，如何来解决这种矛盾呢？这里推荐采用每日编译，也即将测试执行和开发结合在一起，并在开发阶段以"编码—测试—编码—测试"的方式来体现，程序片段编写完成就进行测试。普通情况下，先进行的测试是单元测试，但是一个程序片段也需要相关的集成测试，甚至有时还需要一些特殊测试。特别是对于接口的测试，像游戏程序与任务脚本、图片的结合，通过每日编译可以把已经写好的程序片段接合起来，形成部分的集成测试，体现接口优先测试的原则。同时由于软件测试与开发是并行进行的，并且实行的是软件缺陷优先修改的策略，因此很少会出现缺陷后期无法修改的情况。前期测试案例的设计与自动化工具的准备，使得不需要投入太多的人力就可以保证游戏软件的产品质量，特别是重要系统的质量。

由于游戏程序每日不断完善，因此集成测试也在同步进行之中，当开发进入最后阶段时，集成测试也同步完成了。这里有一个原则——测试的主体方法和结构应在游戏设计阶段完成，并在开发阶段进行补充，比如在游戏开发中会有相应的变动，或是某个转移地址的变化，就需要实时更新。这种方法会对基于代码的测试（开发阶段与集成阶段）产生很重要的影响，但是不管在哪个阶段，如果在执行前多做一点计划和设计，都会大幅度提高测试效率，改善测试结果，同时还有利于测试用例的重用与测试数据的分析，那么游戏测试计划是在游戏策划阶段就形成了，为后继的测试形成了良好的基础。

4.3.4　集成测试阶段

集成测试是对整个系统的测试而言。由于前期测试与开发的并行，集成测试已经基本完成，这时只需要对前期在设计阶段中设计的系统测试案例运行一下即可。集成测试主要的重心在兼容性测试。因为游戏测试的特殊性，对兼容性的要求特别高，所以大多数游戏测试在这个环节采用了外部与内部同步进行的方式。内部游戏测试平台，搭建主流的硬软件测试环境，同时还通过一些专业的兼容性测试外包机构对游戏软件做兼容性分析，让游戏软件可以运行在更多的机器上。

4.3.5　性能测试与优化

在单机版的时代，性能的要求并不是很高，但是在网络版的时代，则对性能提出了很高的要求。性能测试主要包含了以下几个方面：应用在客户端性能的测试、应用在网络上性能的测试和应用在服务器端性能的测试。通常情况下，三方面有效合理的结合，可以达到对系统性能全面的分析和瓶颈的预测。在测试过程中有这样一个原则，就是由于测试是在集成测试完成或接近完成时进行，要求测试的功能点能够通过，这时首先要进行优化的是数据库或是网络本身的配制，只有这样才可以规避改动程序的风险。同时性能的测试与优化是一个逐步完善的过程，需要很多的前期工作，比如性能需求分析、测试工具准备等，不过如果前期工作完善，这些基本完成了。

1. 数据库的优化原则

首先是对索引进行优化，由于索引的优化不需要对表结构进行任何改动，是最简单的一种，又不需要改动程序就可能提升性能若干倍。不过要注意的是索引不是万能的，若是无限增加会对增删改动造成很大的影响。其次是对表、视图、存储过程的优化。要注意的是：在分析之前需要知道优化的目标，客户行为中哪些 SQL 是执行得最多的，必须借助一些 SQL 的跟踪分析工具，例如 SQLProfile、SQLExpert 等，这样才能迅速定位问题。

2. 网络的优化原则

这里指的并不是针对网络本身的优化，而是对游戏本身的网络通信的优化，它是与程序的优化结合在一起的。首先是发现问题，通过 Monitor 与 Sniff 先定位是什么应用占用了较多的网络流量。由于网络游戏的用户巨大，因此这也是一个重要的问题。对于程序的性能优化，最主要的是找到运行时间最长的函数，只有优化它，性能才有大幅度的提升。具体的方法在第 8.1 节性能测试中阐述。

综上所述，一个基本的游戏测试过程包括以下步骤：规划与设计测试；准备测试；编写测试用例；运行测试；报告结果；修复 Bug；返回步骤 1，重新测试。如图 4 – 1 所示。

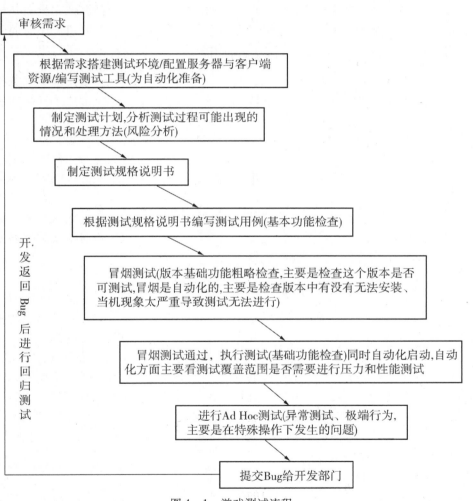

图 4 – 1　游戏测试流程

游戏测试

本章小结

　　游戏测试过程应该是一个完整的"计划"→"执行"→"检查"→"处理"循环。很多人有这样一个观点：就是在软件开发完毕后，再进行测试。殊不知，这种观点有悖于软件开发的生命周期。软件缺陷的发现必须是越早越好，这样才可以有效的规避风险，而在"最后进行测试"的测试观念的指导下测试工作必将会产生很多问题。这种观念的错误在于：生命周期中的"测试阶段"表明在该阶段测试工作是主要的工作，而不是测试工作只发生在"测试阶段"。通常，到了测试阶段，测试的主要任务是运行测试，形成测试报告。想要提高游戏的质量，则必须做到测试的早期介入，诸如测试计划、测试用例的确定以及测试代码的编写等等都要在更早的阶段进行。如果把测试完全放在最后阶段，就错过了发现构架设计和游戏逻辑设计中存在严重问题的最好时机，届时要修复这些缺陷将很不方便，因为缺陷已经扩散到系统中去了，所以这样的错误将很难寻找与修复，代价更高。

5 游戏测试用例设计

测试用例是实现测试有效性的一种常用工具，好的测试用例可以在测试过程中重复利用。同时，在测试过程中可以通过对测试用例的组织和跟踪来完成对测试工作的量化和管理。测试用例的设计是对测试具体执行的详细设计，是测试思维的集中反映。本章选用游戏测试实践中一些常用的测试用例的组织和编写来阐述如何设计测试用例。

5.1 测试用例的重要性

在前面的章节中，提到在测试计划和测试过程中需要使用测试用例。在测试过程中使用的测试用例有以下性质：

- 有效性：测试用例是测试人员在测试过程中的重要参考依据。不同的测试人员根据相同的测试用例所得到的输出应该是一致的，对于准确的测试用例的计划、执行和跟踪是测试有效性的有力证明。
- 可复用性：良好的测试用例具有重复使用的功能，使得测试过程事半功倍。因为测试不可能进行穷举测试，所以设计良好的测试用例将大大缩短测试时间，提高测试效率。
- 易组织性：即使很小的项目，也可能会有几百甚至更多的测试用例，测试用例可能在很长一段测试过程中被创建和使用，正确的测试计划会很好地组织这些测试用例，并提供给测试人员或者项目其他人员参考和使用。
- 可评估性：从测试的项目管理角度，测试用例的通过率是检验代码质量的保证，测试用例的通过率和软件错误 Bug 数目，是衡量程序代码好坏的标准。
- 可管理性：测试用例也可以作为检验测试人员进度、工作量以及跟踪、管理测试人员的工作效率的因素，尤其是对测试信任的检验，从而更加合理地做出测试计划。

编写良好的测试用例，需要对游戏的设计、策划书、用户场景及程序模块结构都有比较透彻的了解。测试人员一开始只能执行别人写好的测试用例，随着对项目进度的深入，慢慢地也能自己编写测试用例，并提供给他人使用。

5.2 测试用例书写标准

在编写测试用例过程中，需要参考一些基本的测试用例编写标准和规范，在 ANSI/

IEEE 829—1983 标准中列出和测试设计相关的测试用例编写规范和模板。标准模板中主要元素如下：

• 标识符（identification）：每个测试用例应该有一个唯一的标识符，它将成为所有和测试用例相关的文档/表格引用和参考的基本元素，这些文档/表格包括设计规格说明书、测试日志表、测试报告等。

• 测试项（test item）：测试用例应该准确地描述所需要测试的项目及其特征，测试项应该比测试设计说明书中所列出的特性描述更加具体，例如做 Windows 计算器应用程序的窗口设计，测试对象是整个应用程序用户界面，这样测试项就应该是应用程序的界面特性要求，例如缩放测试、界面布局、菜单等。

• 测试环境要求（test environment）：用来表征执行该测试用例需要的测试环境，一般来说，在整个的测试模块里面应该包含整个的测试环境的特殊要求，而单个测试用例的测试环境需要表征该测试用例所单独需要的特殊环境要求。

• 输入标准（input criteria）：用来执行测试用例的输入需求。这些输入可能包括数据、文件、操作（例如鼠标的左键单击、鼠标的按键处理等），必要时，还须罗列相关的数据库、文件。

• 输出标准（output criteria）：标识按照指定的环境和输入标准得到的期望输出结果，如果可能的话，尽量提供适当的系统规格说明书来证明期望的结果。

• 测试用例之间的关联：用来标识该测试用例与其他测试（或其他测试用例）之间的依赖关系，例如，用例 A 需要基于 B 的测试结果正确的基础上才能进行，此时需要在 A 的测试用例中表明对 B 的依赖性，从而保证测试用例的严谨性。

综上所述，如果使用一个数据库的表来表征测试用例的话，它应该有如表 5−1 所示的格式。这样的结构，可以在组织和跟踪测试用例中使用。每一个完整的测试用例不仅包含被测程序的输入数据，还包括用这组数据执行被测程序后预期的输出结果。

表 5−1　测试用例组成结构

字段名称	类　型	是否必选	注　释
标识符	整型	是	唯一标识该测试用例的值
测试项	字符型	是	测试的对象
测试环境要求	字符型	否	在整个模块里面使用相同的测试环境需求
输入标准	字符型	是	测试时输入的数据
输出标准	字符型	是	输出结果
测试用例间的关联	字符型	否	并非所有的测试用例之间都需要关联

例 1　对 Windows 记事本程序进行测试，选取其中的一个测试项——文件菜单栏测试。

记事本程序文件菜单栏（测试用例标识 1000，下同），所包含的子测试用例描述如下：

```
|---------文件/新建(1001)
|---------文件/打开(1002)
|---------文件/保存(1003)
|---------文件/另存(1004)
|---------文件/页面设置(1005)
|---------文件/打印(1006)
|---------文件/退出(1007)
|---------菜单布局(1008)
|---------快捷键(1009)
```

选取其中的一个子测试用例——文件/退出(1007)作为例子，测试用例如表5-2所示。通过这个例子来了解测试用例的组成方法，要组织成一个完整的良好测试用例，还需要更多的技巧，并要考虑一些常见的因素。

表5-2　测试用例表参考模板

编制人	×××	审定人	×××	时间	×××
软件名称	记事本程序			编号/版本	×××
测试用例	"文件"菜单栏中的"文件"/"退出"命令的功能测试				
用例编号	1007				
参考信息(参考的文档及章节号或功能项):					
输入说明(列出选用的输入项，覆盖正常、异常情况): (1)打开 Windows 记事本程序，不输入任何字符，单击"文件"/"退出"命令 (2)打开 Windows 记事本程序，输入一些字符，不保存文件，单击"文件"/"退出"命令 (3)打开 Windows 记事本程序，输入一些字符，保存文件，单击"文件"/"退出"命令 (4)打开 Windows 记事本文件(扩展名为 .txt)，不做任何修改，单击"文件"/"退出"命令 (5)打开 Windows 记事本文件，修改后不保存，单击"文件"/"退出"命令					
输出说明(逐条与输入项对应，列出预期输出): (1)记事本未做修改，单击"文件"/"退出"命令，能正确地退出应用程序，无提示信息 (2)记事本做修改未保存或者另存，单击"文件"/"退出"命令，会提示"未定标题文件的文字已经改变，想保存文件吗?"单击"是"，Windows 将打开"保存"/"另存为"对话框，单击"否"，文件将不被保存并退出记事本程序，单击"取消"将返回记事本窗口					
环境要求(测试要求的软、硬件、网络要求): Windows 2000 Professional 中文版					
特殊规程要求:无					
用例间的依赖关系: 1009					

5.3　测试用例设计考虑因素

测试用例不可能实现穷举，因此试图用所有的测试用例来覆盖测试可能遇到的所有情形是不可能的。在测试用例的编写、组织过程中，尽量考虑有代表性的典型的测试用例，来实现以点带面的穷举测试。这要求在测试用例设计中考虑一些基本因素：

（1）测试用例必须具有代表性、典型性。一个测试用例能基本涵盖一组或者多组情形，在后续章节，会以常见的白盒和黑盒测试来探讨测试用例的设计方法。测试用例设计时，要浓缩系统设计。测试用例要确切地反映功能设计，但也不能完全复制设计说明书，有时还需要结合多个功能进行设计。

（2）用户测试用例的设计，要多考虑用户实际使用场景。用户测试用例是基于用户实际的可能场景，从用户的角度来模拟程序的输入，从而针对程序来设计测试用例。所以，用户测试用例要考虑用户实际的环境因素，例如在 Web 程序中需要对用户的连接速度、负载进行模拟；在做本地化游戏测试时，还要尊重用户所在的国家、区域的风俗和语言习惯等。

例 2　常见的 Web 登录页面，通过这个例子来阐述从功能规格说明书到具体测试用例编写的过程。

————————————————————————————————

用户登录的功能设计规格说明书（摘选）

————————————————————————————————

1．用户登录

　1.1　满足基本页面布局

　1.2　当用户没有输入用户名和密码时，不立即弹出错误对话框，而是在页面上使用红色字体来提示。

　1.3　用户密码使用掩码号（＊）来标识。

　1.4　＊代表必选字段，将出现在输入文本框的后面。

2．登录出现错误

当出现错误时，在页面的顶部会出现相应的错误提示。错误提示的内容见 3.3。错误提示用高亮的红色字体实现。

3．错误信息描述

　3.1　用户名输入为空

属　性	值
编号	MSG0001
显示的页面	ErrorPage0001
出现条件	当用户输入的用户名为空而试图登录
提示信息	错误：请输入用户名

3.2 密码为空

属　性	值
编号	MSG0002
显示的页面	ErrorPage0002
出现条件	当用户输入的密码为空且没有出现 WMSG001 的提示信息
提示信息	错误：请输入密码

3.3 用户名/密码不匹配

属　性	值
编号	MSG0003
显示的页面	ErrorPage0003
出现条件	当用户名和密码不匹配时
提示信息	错误：您输入的用户名或者密码不正确

（注：本例子中的页面图示，消息编号如 WMSG001 的描述均为给出。）

————————————————————————————————————

通用安全性设计规格说明书（摘选）

————————————————————————————————————

1. 安全性描述

1.1 输入安全性：在用户登录或者信用卡验证过程中，如果三次输入不正确，页面将需要重新打开才能生效。

1.2 密码：在所有的用户密码中，都必须使用掩码符号（＊），数据在数据库中存储使用统一的加密和解密算法。

1.3 Cookie：在信用卡信息验证，用户名输入时，Cookie 都是被禁止的，当用户第一次输入后，浏览器将不再提供是否保存信息的提示，自动完成功能将被禁用。

1.4 SSL 校验：所有的站点访问时，都必须经过 SSL 校验。

2. 错误描述（略）

————————————————————————————————————

测试用例：结合相关的规格说明书，理解和掌握测试用例设计的关键点，测试用例设计如表 5-3 所示。

————————————————————————————————————

表5-3 用户登录功能测试用例

字段名称	描 述
标识符	1100
测试项	站点用户登录功能测试
测试环境要求	（1）用户 pass/pass 为有效登录用户，用户 pass1/pass 为无效登录用户，pass'jean/password 为有效登录用户 （2）浏览器的 Cookie 未被禁用
输入标准	（1）输入正确的用户名和密码，单击"登录"按钮 （2）输入错误的用户名和密码，单击"登录"按钮 （3）不输入用户名和密码，单击"登录"按钮 （4）输入正确的用户名并不输入密码，单击"登录"按钮 （5）输入带特殊字符（/、'、、和#，如 pass'jean）的用户名和密码，单击"登录"按钮 （6）三次输入无效的用户名和密码，尝试登录 （7）第一次登录成功后，重新打开浏览器登录，输入上次成功登录的用户名的第一个字符
输出标准	（1）数据库存在的用户（pass/pass，pass'jean/password）能正确登录 （2）错误的或者无效用户登录失败，在页面的顶部出现红色字体："错误：用户名或密码输入错误" （3）用户名为空时，页面顶部出现红色字体提示："请输入用户名" （4）密码为空且用户名不为空，页面顶部红色字体提示："请输入密码" （5）含特殊字符（'、/、"、#）的用户名，如数据库中有该记录，将能正确登录；如无该用户记录，将不能登录，校验过程和普通的字符相同，不能出现空白页面或者脚本错误 （6）三次无效登录后，第四次尝试登录会出现提示信息"您已经三次尝试登录失败，请重新打开浏览器进行登录"，此后的登录过程将被禁止 （7）自动完成功能将被禁止，查看浏览器的 Cookie 信息，将不会出现上次登录的用户名和密码信息，第一次使用一个新账户登录时，浏览器将不会提示"是否记住密码以便下次使用"对话框 （8）所有的密码均以＊方式输入
测试用例间的关联	1101（有效密码测试）

　　测试用例需要考虑到正确的输入，也需要考虑错误的或者异常的输入，以及需要分析怎样使得这样的错误或者异常能够发生。在前面提到的用户登录页面的例子，需要考虑特殊字符的输入，尤其是脚本语言敏感的字符。在进行电子邮箱地址校验时，不仅要考虑到正确的电子邮件地址（如 pass@ sise. com. cn）的输入，还需要考虑到错误的、不合法的（如没有@ 符号或带有异常字符单引号、斜杠、双引号等）的邮箱地址输入。尤其是在做 Web 页面测试时，会容易出现转义字符造成异常情况的发生。

5.4 白盒测试

白盒测试又称结构测试、透明盒测试、逻辑驱动测试或基于代码的测试。白盒测试是一种测试用例设计方法，是为了测试证明每种内部操作和过程是否符合设计规格和要求，是基于对游戏程序的基本输入和输出已经了解的基础上进行的程序内部逻辑结构测试。盒子指的是被测试的游戏，白盒指的是盒子是可视的，能清楚看到盒子内部的东西以及里面是如何运作的。通过检查软件内部的逻辑结构，对软件中的逻辑路径进行覆盖测试；在程序不同地方设立检查点，检查程序的状态，以确定实际运行状态与预期状态是否一致。白盒的测试用例需要做到：

- 保证一个模块中的所有独立路径至少被使用一次；
- 对所有逻辑值均需测试 true 和 false；
- 在上下边界及可操作范围内运行所有循环；
- 检查内部数据结构以确保其有效性。

5.4.1 白盒测试方法分类

依据软件设计说明书进行测试、对程序内部细节的严密检验、针对特定条件设计测试用例、对软件的逻辑路径进行覆盖测试。总体上分为静态方法和动态方法两大类。

(1)静态分析：是一种不通过执行程序而进行测试的技术。静态分析的关键功能是检查游戏的表示和描述是否一致，有没有冲突或歧义。

(2)动态分析：主要特点是当游戏软件系统在模拟的或真实的环境中执行之前、之中和之后，对软件系统行为的分析。动态分析是通过输入一组预先按照一定的测试准则构造的实例数据来动态运行程序，而达到发现程序错误的过程。在动态分析技术中，最重要的技术是路径和分支测试。下面介绍的六种覆盖测试方法属于动态分析方法。

5.4.2 控制流图

程序流程图是软件开发过程中进行详细设计时，表示模块内部逻辑的一个常用的、也是非常有效的图示法。程序流程图详细地反映了程序内部控制流的处理和转移过程，它一般是进行模块编码的参考依据。在程序流程图中，通常有很多种图示元素，例如"矩形框"表示计算处理过程，而"菱形框"表示判断条件等。通常测试人员为某个程序模块做白盒测试的过程中，做与路径相关的各种分析时，这些非常具体的信息往往不太重要。因此，为了更清晰、突出地显示程序的控制结构，反映控制流的转移过程，一种简化了的程序流程图——程序的控制流图便出现了。在控制流图中一般只有两种简单的图示符号：节点和控制流。

(1)节点：以标有编号的圆圈表示。它一般代表程序流程图中矩形框所表示的处理、菱形框所表示的判定条件，以及两个或多个节点的汇合点等。一个节点就是一个基本的程序块，它可以是一个单独的语句(如 if 条件判断语句或循环语句)，也可以是多个顺序执行的语句块。

（2）控制流：以带箭头的弧线表示，用来连接相关的两个节点。它与程序流程图中的控制流所表示的意义是一致的，都指示程序控制的转移过程。为了便于处理，每个控制流也可以标有名字，也就相当于是图中的边。每条边必须要终止某一节点。在控制流图中，其基本的控制结构所对应的图形符号如图5-1所示。

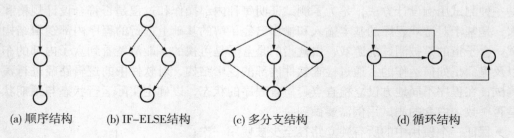

(a) 顺序结构　　(b) IF-ELSE结构　　(c) 多分支结构　　　　(d) 循环结构

图5-1　基本控制流图

说明：流程图中的一组顺序处理框，在控制流图中可以被映射成为一个单一节点，如图5-2所示。

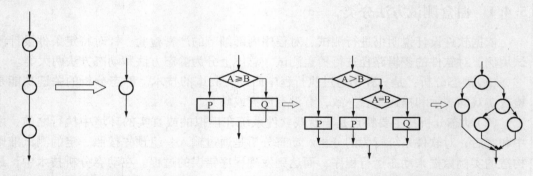

图5-2　合并节点的控制流图　　　　图5-3　分解为简单条件节点的控制流图

若判断中的条件表达式是复合条件时，需要改复合条件为一系列只有单个条件的判断，控制流图关注的是程序中的判断框，而不是顺序执行部分的细节，如图5-3所示。

程序的结构形式是白盒测试的主要依据。这一部分将从控制流分析和数据流分析的不同方面讨论如何分析程序结构，在程序中找到隐藏的错误。如图5-4所示为一个含有两个出口判断和循环的程序流程图，我们把它简化成图5-5的形式，这种简化了的程序流程图叫作控制流图。

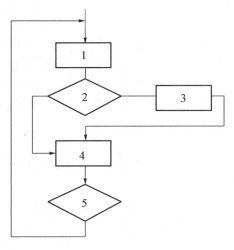

图 5-4　程序流程图

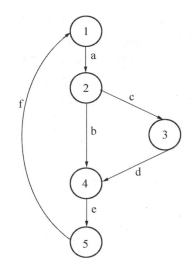

图 5-5　简化后的控制流图

5.4.3　逻辑覆盖法

不同复杂度的代码逻辑，可以衍生出许多种执行路径，只有选择适当的测试方法，才能从代码的迷雾森林中找到正确的方向。白盒测试中的逻辑覆盖方法有 6 种：语句覆盖、判定覆盖、条件覆盖、判定/条件覆盖、条件组合覆盖和路径覆盖。下面以实现一个简单数学运算的 C++ 语言程序来体会白盒测试的逻辑覆盖法，程序代码如下：

```
    int a,b;
    double x;
    if (a >1&& b==0)
x =x/a;
    if (a ==2 || x >1)
x =x +1;
```

一般逻辑覆盖测试不会直接根据源代码，而是根据流程图来设计测试用例，在没有设计文档时，要根据源代码画出流程图，如图 5-6 所示。

1. 语句覆盖

语句覆盖的基本思想是：设计若干测试用例，运行被测程序，使程序中每个可执行语句至少执行一次。对引例稍作分析就不难发现，只要设计一个能通过

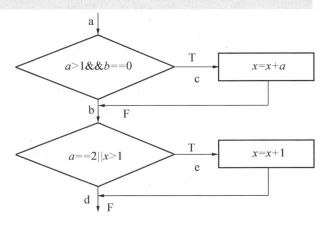

图 5-6　示例流程图

路径 ace 的测试用例即可，程序执行时就可以遍历流程图的所有框。因此，为引例设计满足语句覆盖的测试用例是：$[a=2，b=0，x=3]$。

从程序执行过程来看，语句覆盖的方法似乎能够比较全面地检验每一个可执行语句。例外的是，如果在程序中第一个判断的"&"均误写成"｜"，或第二个判断的"$x>1$"均误写成"$x>0$"，用上述的测试用例仍可覆盖所有可执行语句，这说明虽然做到了语句覆盖，但可能发现不了逻辑运算中出现的错误。因此这种覆盖实际是一个最弱的覆盖标准。

2. 判定覆盖

判定覆盖的基本思想是：设计若干个测试用例，使程序中的每个判断至少出现一次"真值"和一次"假值"，即程序中的每个分支都至少执行一次。

对本引例，为在语句覆盖的基础上达到判定覆盖标准，要使程序流程能经过路径 acd 和 abe 或路径 ace 和 abd，为此可设计两个满足要求的测试用例：

(1) $[a=3，b=0，x=1]$（沿 acd 执行）。

(2) $[a=2，b=1，x=3]$（沿 abe 执行）。

判定覆盖比语句覆盖严格，因为它使得每一个判断都能获得每一种可能的结果，从而使每个语句都得到执行。同时，若将第二个判断的"$x>1$"均误写成"$x<1$"，用上述的测试用例仍能得到相同的结果。上述的测试用例在沿路径 abd 执行时，并不能检查 x 的值是否保持一致。这表明，只用判定覆盖还无法保证一定能检查出所有的错误。因此，需要更强的逻辑覆盖标准去检验判断内部条件。

3. 条件覆盖

条件覆盖的基本思想是：利用若干个测试用例，使被测试的程序中，对应每个判断中每个条件的所有可能情况均至少执行一次。

在本引例中，共有 4 个判断条件：$a>1$、$b==0$、$a==2$、$x>1$。

为达到条件覆盖标准，需要有足够的测试用例以形成：在 a 点有：$a>1$、$a\leqslant1$、$b=0$、$b\neq0$ 的情况，在 b 点有：$a=2$、$a\neq2$、$x>1$、$x\leqslant1$ 的情况。为此可以设计两个测试用例以满足这一标准：

(1) $[a=2，b=0，x=4]$（沿 ace 执行）。

(2) $[a=1，b=1，x=1]$（沿 abd 执行）。

(3) $[a=1，b=0，x=3]$（沿 abe 执行）。

(4) $[a=2，b=1，x=1]$（沿 abd 执行）。

其中，后两组测试用例满足条件覆盖标准，却不满足判定覆盖。为解决这种例外，可采用下面介绍的判定/条件覆盖标准。

4. 判定/条件覆盖

判定/条件覆盖的基本思想是：设计足够多的测试用例，使得程序中每个判断条件所有可能的结果至少取到一次，又使每次判断的每个分支至少通过一次。

可设计 3 个满足要求的测试用例：

(1) $[a=2，b=0，x=4]$（沿 ace 执行）。

(2) $[a=1，b=1，x=1]$（沿 abd 执行）。

（3）$[a=2，b=1，x=1]$（沿 abe 执行）。

判定/条件覆盖仍有缺陷，因为在程序执行过程中，某些条件掩盖了另一些条件。例如，对条件表达式$(a>1)\&\&(b=0)$，取$a=1$、$b=0$，此时$(a>1)$为假，则目标程序不再检查$(b=0)$条件了，从而发现不了b的错误。同样对条件表达式$(a=2)|(x>1)$，取$a=2$，此时$(a=2)$为真，则目标程序也不再检查$(x>1)$条件。因此，采用判定/条件覆盖，逻辑表达式中的错误不一定能测试出来。

5. 条件组合覆盖

解决上述问题的新标准是条件组合覆盖。条件组合覆盖的基本思想是：设计足够多的测试用例，使得每个判断所有可能的条件取值组合至少执行一次，并且每个判断本身的判定结果也至少出现一次。与条件覆盖的区别是，它不是简单地要求每个条件都出现"真"与"假"两种结果，而是要求这些结果的所有可能组合都至少出现一次。

对于本引例，按照条件组合覆盖标准，必须使测试情况覆盖 8 种组合结果：

①$a>1$，$b=0$；

②$a>1$，$b\neq0$；

③$a\leq1$，$b=0$；

④$a\leq1$，$b\neq0$；

⑤$a=2$，$x>1$；

⑥$a=2$，$x\leq1$；

⑦$a\neq2$，$x>1$；

⑧$a\neq2$，$x\leq1$。

其中测试情况⑤、⑥、⑦、⑧是第二个条件语句的条件组合。因为x的值在该语句之前可能发生变化，所以要通过程序逻辑回溯以便找出相应的输入值。

要覆盖这 8 种条件组合，并不一定需要设计 8 组测试用例，设计 4 个测试用例就可以满足要求。设计的测试用例如下：

（1）$[a=2，b=0，x=4]$（沿 ace 执行，覆盖①和⑤）。

（2）$[a=2，b=1，x=1]$（沿 abe 执行，覆盖②和⑥）。

（3）$[a=1，b=0，x=2]$（沿 abd 执行，覆盖③和⑦）。

（4）$[a=1，b=1，x=1]$（沿 abd 执行，覆盖④和⑧）。

上述测试用例覆盖了所有条件可能取值的组合以及所有判断的可取分支，但还是漏掉了路径 acd，因此测试还不完全。

5.4.4　白盒测试用例设计举例

为了让读者更好地理解白盒测试中的逻辑覆盖方法，以下用逻辑覆盖测试法为采用冒泡排序（bubble sorting）法进行数据排序的 C++ 程序设计测试用例。本例是一个对k个整数进行升序排序的 C++ 程序，采用的算法是冒泡排序。其基本步骤是：

（1）从数组中取出第 2 个元素；

（2）如果新取出的元素大于等于其前邻元素，则转向第（4）步；

（3）如果新取出的元素小于其前邻元素，则与其前邻元素交换位置；

游戏测试

(4)将新元素与新的前邻元素比较，若仍小于新的前邻元素，则重复第(3)步；

(5)取下一个元素。如果数组中元素已取完则结束排序，否则转向第(2)步。

例1　给出本例的 C++ 程序，图 5−7 则是排序部分的流程图。

```cpp
void main() {
    int a[11],i,j,k,temp;
    cout < <"input numbers:\ n");
    cin > >k;
    for(i =1;i <=k;i ++)
    {
    cin > >a[i]);
    }
    for(i =2;i <=k;i ++)
    {
        if(a[i] >=a[i -1])  continue;
        for(j =i;j <=2;j --)
        {
            if(a[j] >=a[j -1]  continue;
    temp =a[j];
            a[j] =a[j -1];
            a[j -1] =temp;
        }
    }
    cout < <"the sorted numbers:\ n";
    for(i =1;i <=10;i ++)
        cout < <a[i];
}
```

设计测试用例过程：

(1)采用语句覆盖设计测试用例。

对本例稍作分析就不难发现，只要向数组输入先大后小两个数，程序执行时就可以遍历流程图的所有框。因此，为引例设计满足语句覆盖的测试用例是：$[a =\{10,6\}$，$k =2]$。语句覆盖是一个最弱的覆盖标准，虽然做到了所有语句的覆盖，但可能发现不了逻辑运算中出现的错误。

(2)采用判定覆盖设计测试用例。

对本例，在语句覆盖的基础上，如果要使程序流程经过路径 L1 和 L2，如图 5−7 可设计两个满足要求的测试用例：$[a =\{10,6,7\}$，$k =3]$ $[a =\{10,6,12\}$，$k =3]$，或合并成一组测试用例：$[a =\{10,6,12,7\}$，$k =4]$。上述测试用例是在满足条件：$a[i] >=a[i -1]$或$a[j] >=a[j -1]$的情况下经过路径 L1 和 L2，而未检查另一个条件$a[i] =a[i -1]$或$a[j] =a[j -1]$，即使在程序中将两处" >="都误写成" >"，测试结果仍将显示"正常"，使这个错误被掩盖。因此可将上述测试用例改为：$[a =\{10,6,$

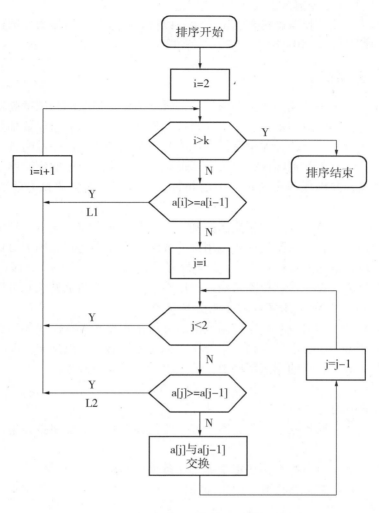

图 5 - 7　冒泡排序流程图

10},k =3],[a ={10, 6, 6},k =3]或[a ={10, 6, 10, 6},k =4]则程序将在满足 a[i] = a[i-1]或 a[j] = a[j-1]的条件下经过路径 L1 和 L2，实现判定覆盖。但结果是将" >= "误写成" > "的错误被掩盖，从而造成更加严重的测试漏洞。因此需要更强的逻辑覆盖标准去检验判断内部条件。

（3）采用条件覆盖设计测试用例。

要实现条件覆盖，就必须使被测试的程序中，对应每个判断中每个条件的所有可能情况均至少执行一次。对本例可设计测试用例如下：[a ={10, 6, 12, 7},k =4]，[a ={10, 6, 10, 6},k =4]。

（4）采用其他覆盖设计测试用例。

在本例中的两个复合条件，其组成条件都不是相互独立的。若其中一个条件（如 a[i] > a[i-1]）为真，则另一个条件（a[i] = a[i-1]）必然为假。所以就本例而言，判定/条件覆盖及条件组合覆盖都没有实际意义。

总之，本例应该选择条件覆盖测试方法，以得到较强的查错能力。因此，为本例设计的测试用例是：[a = {10, 6, 12, 7}, k = 4]，[a = {10, 6, 10, 6}, k = 4]。

5.4.5 路径覆盖法

逻辑覆盖测试主要关注的是程序内部的逻辑结构，最彻底的测试就是覆盖程序中的每一条路径。但在实际应用中，一个不太复杂的程序，要覆盖的路径数都是一个庞大的数目，因而要执行每一条路径是不可能的。因此，我们希望通过一定的方法将要覆盖的路径数压缩到一个有限的范围内，通过合理地选择一组穿过程序的测试路径，以实现达到某种测试度量，并确保程序中每一个语句都执行一次。这种测试方法就是基本路径覆盖法。

基本路径测试法是在程序控制流图的基础上，通过分析控制构造的环路复杂性，导出基本可执行路径集合，从而设计测试用例的方法。设计出的测试用例要保证在测试中程序的每个可执行语句至少执行一次。基本路径测试法包括以下 5 个方面：

- 程序控制流图：程序控制流图是描述程序控制流的一种图示方法，可以使用流程图软件，如 Microsoft 的 Visio 来实现程序流程的描述。
- 程序环境复杂性：通过对程序控制流图的分析和判断来计算模块复杂性程度。从程序的环路复杂性可导出程序基本路径集合中的独立路径条数，以确定程序中每个可执行语句至少执行一次所必需的测试用例数目的上限。其计算公式为：

$$V(G) = E - N + 2$$

式中，E 是流图中的边数；N 是流程图中的节点数。

- 导出测试用例：通过程序控制流图的基本路径导出基本的程序路径集，列出程序的独立路径。
- 准备测试用例：确保基本路径集中的每一条路径的执行。
- 图形矩阵：是在基本路径测试中起辅助作用的软件工具，利用它可以实现自动地确定一个基本路径集。

在 IEEE 的测试标准中，语句覆盖是对白盒测试的最低标准，而在 IBM 的测试标准中，语句覆盖加判定覆盖是对白盒测试的最低标准。在此建议将语句覆盖加判定覆盖作为路径选取的最低标准。图 5 - 8 所示是一程序的控制流图，本程序不带任何循环。可以先设计覆盖所有点和所有边的测试路径，然后将上述路径结合起来就得到实现路径覆盖的测试路径。

表 5 - 4 给出了满足 3 种不同覆盖要求的测试路径。

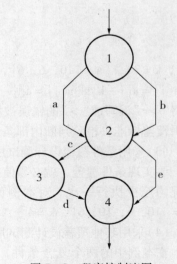

图 5 - 8　程序控制流图

表5−4　采用路径覆盖设计的测试用例

测试路径	覆盖节点/边	覆盖标准
acd	①、②、③、④	点覆盖
acd、be	a、b、c、d、e	边覆盖
acd、be ae、bcd	①、②、③、④ a、b、c、d、e	路径覆盖

例2　通过一个示例来说明基本路径测试。以下代码由 C++ 语言书写，把它转化成图形矩阵，最后使用基本路径测试法设计测试用例，使之满足基本路径覆盖要求。

```cpp
1. void ReadPara ( CString temp)
2. {
3.    if ( temp == ">=")
4.        m_oper. SetCurSel(0);
5.    else
6.        {
7.         if (temp == ">")
8.             m_oper. SetCurSel(1);
9.         else
10.         {
11.            if ( temp == "==")
12.            m_oper. SetCurSel(2);
13.            else
14.            {
15.             if( temp == "<=")
16.             m_oper. SetCurSel(3);
17.             else
18.             {
19.              if ( temp == "<")
20.              m_oper. SetCurSel(4);
21.              else
22.              m_oper. SetCurSel(5);
23.             }
24.            }
25.          }
26.        }
27.     return;
28. }
```

第一步：画出这段代码的控制流图，如图5-9所示。

第二步：根据控制流图，计算环路复杂度 $V(G) = 22 - 18 + 2 = 6$。

第三步：根据控制流图导出测试用例，列出路径：

Path1：2—3—4—27—28；

Path2：2—3—7—8—26—27—28；

Path3：2—3—7—11—12—25—26—27—28；

Path4：2—3—7—11—15—16—24—25—26—27—28；

Path5：2—3—7—11—15—19—20—23—24—25—26—27—28；

Path6：2—3—7—11—15—19—22—23—24—25—26—27—28。

第四步：设计测试用例：根据第2步中给出的路径，设计的测试用例列于表5-5中。

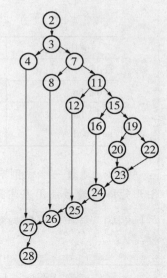

图5-9　程序控制流图

表5-5　采用路径覆盖设计的测试用例

路　径	传入参数	预期调用
Path 1	ReadPara(" >= ")	m_oper. SetCurSel(0)
Path 2	ReadPara(" > ")	m_oper. SetCurSel(1)
Path 3	ReadPara(" == ")	m_oper. SetCurSel(2)
Path 4	ReadPara(" < ")	m_oper. SetCurSel(3)
Path 5	ReadPara(" <= ")	m_oper. SetCurSel(4)
Path 6	ReadPara(" + ")	m_oper. SetCurSel(5)

5.4.6　循环测试

路径测试是对控制流图中每一条可能的程序执行路径至少测试一次，如果程序中含有循环，则每个循环至少执行一次。从本质上说，循环测试的目的就是检查循环结构的有效性。通常，循环可以划分为简单循环、嵌套循环、串接循环和非结构循环4类。

（1）测试简单循环：设其循环的最大次数为 n ，可采用以下测试集：

- 跳过整个循环；
- 只循环一次；
- 只循环两次；
- 循环 m 次，其中 $m < n$；
- 分别循环 $n-1$、n 和 $n+1$ 次。

（2）测试嵌套循环：如果将简单循环的测试方法用于嵌套循环，可能的测试次数会随嵌套层数成几何级数增加。此时可采用以下办法减少测试次数：

- 测试从最内层循环开始，所有外层循环次数设置为最小值；
- 对最内层循环按照简单循环的测试方法进行；
- 由内向外进行下一个循环的测试，本层循环的所有外层循环仍取最小值，而由本层循环嵌套的循环取某些"典型"值；
- 重复上一步的过程，直到测试完所有循环。

（3）测试串接循环：若串接的各个循环相互独立，则可分别采用简单循环的测试方法；否则采用嵌套循环的测试方法。

（4）对于非结构循环这种情况，无法进行测试，需要按结构化程序设计的思想将程序结构化后，再进行测试。

对于有循环结构的程序进行测试时，通常会采用 Z 路径覆盖下的循环测试方法。Z 路径覆盖是路径覆盖的一种变体，它是将程序中的循环结构简化为选择结构的一种路径覆盖，如图 5－10 所示。循环简化的目的是限制循环的次数，无论循环的形式和循环体实际执行的次数，简化后的循环测试只考虑执行循环体一次和零次（不执行）两种情况，即考虑执行时进入循环体一次和跳过循环体这两种情况。

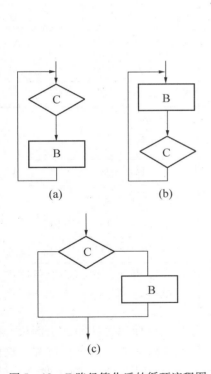

图 5－10　Z 路径简化后的循环流程图

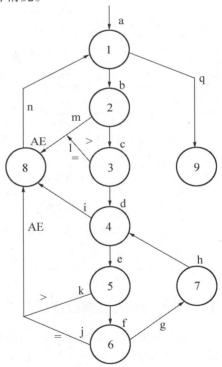

图 5－11　采用冒泡排序法进行数据排序的 C++ 程序的控制流图

在实践中，除了前面给出的各种方法外，通常还可以采用以下三种方法来补充设计测试用例。

（1）通过非路径分析得到测试用例：这种方法得到的测试用例是在应用系统本身的

游戏测试

实践中提供的，基本上由测试人员凭工作经验得到，甚至是猜测得到。

（2）寻找尚未测试过的路径并生成相应的测试用例：这种方法需要穷举被测程序的所有路径，并与前面已测试路径进行对比。

（3）通过指定特定路径并生成相应的测试用例。

下面用路径覆盖测试法为冒泡排序（bubble sorting）程序进行测试用例设计。设计步骤如下：

第一步：将程序流程图转换为控制流图，如图5-11所示。

第二步：按照路径选取足够多的原则，使之覆盖所有节点和边，测试用例设计如下，以下6个测试路径达到覆盖的最低标准。

测试用例	覆盖的节点									覆盖的边														
	①	②	③	④	⑤	⑥	⑦	⑧	⑨	a	b	c	d	e	f	g	h	I	j	k	l	m	n	q
a={6, 10}, k=2	✓	✓					✓	✓		✓	✓										✓	✓	✓	
a={6, 6}, k=2	✓	✓	✓				✓	✓		✓	✓	✓									✓		✓	
a={6, 10, 10}, k=3	✓	✓	✓				✓	✓		✓	✓	✓									✓	✓	✓	✓
a={10, 6}, k=2	✓	✓	✓	✓	✓	✓	✓	✓		✓	✓	✓	✓	✓	✓	✓	✓	✓	✓		✓	✓		
a={10, 6, 6}, k=3	✓	✓	✓	✓	✓	✓	✓	✓		✓	✓	✓	✓	✓	✓	✓	✓	✓	✓	✓	✓	✓		
a={10, 6, 8}, k=3	✓	✓	✓	✓	✓	✓	✓	✓	✓	✓	✓	✓	✓	✓	✓	✓	✓	✓	✓	✓	✓	✓	✓	✓

第三步：对循环选取如下测试用例：

循环测试内容	测试用例
外循环零次	a={6}, k=1
外循环最大次，内循环零次	a={1, 2, …, 10}, k=10
外循环最大次，内循环最大次	a={10, 9, …, 1}, k=10

5.4.7 最少测试用例数计算

为实现测试的逻辑覆盖，必须设计足够多的测试用例，并使用这些测试用例执行被测程序，实施测试。对于某个具体的程序而言，至少需要设计多少个测试用例呢？这就涉及结构化程序的简化问题。结构化程序是由3种基本控制结构组成：顺序型（构成串行操作）、选择型（构成分支操作）和重复型（构成循环操作）。为了简化问题，避免出现测试用例极多的组合爆炸，把构成循环操作的重复型结构用选择结构代替。这样，任一循环便改造成进入循环体或不进入循环体的分支操作。

美国的I.纳斯（I. Nassi）和B.施内德曼（B. Schneiderman）提出了一种绘制流程图的方法，并以他们姓氏的首字母N和S命名，称为N-S图。这种结构化流程图，完全去掉了在描述中引起混乱的带箭头的流向线，全部算法由 3 种基本结构的框表示。

（1）顺序结构（sequence structure）：由若干个前后衔接的矩形块顺序组成，如图 5-12 所示，先执行 A 块，然后执行 B 块，块中的内容表示一条或若干条需要顺序执行的操作。

（2）选择结构（choice structure）：在此结构内有两个分支，它表示当给定的条件满足时执行 A 块的操作，条件不满足时执行 B 块的操作，如图 5-13 所示。

图 5-12　顺序结构

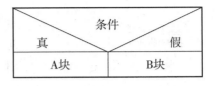

图 5-13　选择结构

（3）循环结构（repetition structure）

● 当型（while）循环结构：如图 5-14 所示，先判断条件是否满足，若满足则执行 A 块（循环体），然后再返回判断条件是否满足，若满足则继续循环执行 A 块，直到条件不满足为止。

● 直到型（until 型）循环结构：如图 5-15 所示，先执行 A 块（循环体），然后判断条件是否满足，如不满足则返回再执行 A 块，若满足则不再继续执行循环体。

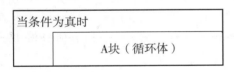

图 5-14　当型（while）循环结构

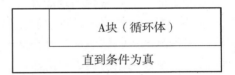

图 5-15　直到型（until 型）循环结构

例如，图 5-16 表达了两个顺序执行的分支结构。当两个分支谓词 P1 和 P2 取不同值时，将分别执行 a 或 b 及 c 或 d 操作。显然，要测试这个小程序，需要至少提供 4 个测试用例才能做到逻辑覆盖，使得 ac、ad、bc 及 bd 操作均得到检验。由图中的第 1 个分支谓词引出的两个操作，及第 2 个分支谓词引出的两个操作组合起来而得到，即 $2 \times 2 = 4$。并且，这里的 2 是由两个并列的操作，即 $1 + 1 = 2$ 而得到的。

从中明显看出：N-S 流程图是由基本结构单元组成的，各基本结构单元之间是顺序执行关系，即从上到下，按顺序执行每一个结构。对于任何复杂的问题，都可以很方便地用以上 3 种基本结构顺序构成。因而它描述的算法是结构化的，这是 N-S 图的最大优点。对于一

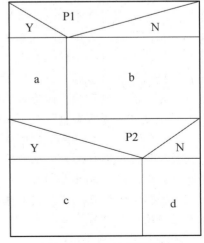

图 5-16　N-S 图示例

般的、更为复杂的问题，估算最少测试用例个数的原则也相同：

- 如果在 N – S 图中存在有并列的层次 A1、A2，A1 和 A2 的最少测试用例个数分别为 a_1、a_2，则由 A1、A2 两层所组合的 N – S 图对应的最少测试用例数为 $a_1 \times a_2$。
- 如果在 N – S 图中不存在有并列的层次，则对应的最少测试用例数由并列的操作数决定，即 N – S 图中除谓词之外的操作框的个数。

5.5 黑盒测试

黑盒测试（black – box testing），又称为功能测试或数据驱动测试，它主要是基于功能规格说明进行的测试。相对于白盒测试而言，它是把测试对象看作一个黑盒子。利用黑盒测试法进行动态测试时，需要测试软件产品的功能，不需测试软件产品的内部结构和处理过程。黑盒测试的目的主要是为了发现以下错误类型：

- 模板中是否有功能遗漏或者逻辑错误；
- 模板接口是否存在问题；
- 是否有数据结果错误或者外部信息访问错误；
- 性能是否满足要求。

黑盒测试注重测试软件的功能性需求，使软件工程师派生出执行程序所有功能需求的输入条件。黑盒测试并不是白盒测试的替代品，而是用于辅助白盒测试发现其他类型的错误。黑盒测试的测试用例设计方法主要有 5 种：等价类划分法、边界值分析法、错误推测法、决策表测试法、因果图法。

5.5.1 等价类划分法

等价类划分法是一种典型的黑盒测试方法。其基本思想是将程序的输入区域划分为若干个等价类，用每个等价类中的一个具有代表性的输入数据作为测试数据。对于上述基本思想，也可以这样来理解：如果某个等价类中的一个输入数据作为测试用例查出了错误，那么使用这一等价类中的其他输入数据进行测试也会查出同样的错误；反之，若使用某个等价类中的一个输入数据作为测试用例未查出错误，则使用这一等价类中的其他输入数据进行测试也同样查不出错误。这样就可以用少量有代表性的测试用例来代替大量内容相似的测试用例，以提高测试的效率，并取得良好的测试效果。在划分等价类时，可以将之划分为两类：

（1）有效等价类：是指对程序的规格说明是合理的、有意义的输入数据所构成的集合。有效等价类可以是一个，也可以是多个。利用它可以检验程序是否实现了程序的规格说明预先规定的功能和性能。

（2）无效等价类：对程序的规格说明是不合理的或无意义的输入数据所构成的集合。无效等价类至少有一个。利用它检验程序中的功能和性能是否不符合程序的规格说明。

设计测试用例时，要同时考虑这两种等价类。软件不仅要能接收合理的数据，也要能经受意外的考验，这样的测试才能确保软件具有更高的可靠性。确定等价类有以下几条原则：

（1）如果一个输入条件规定了输入值的范围，则可确定一个有效等价类和两个无效等价类。例如，在程序的规格说明中，对某一个输入条件规定：x 值的范围是 $1 \sim 999$，则可以确定有效等价类为"$1 \leqslant x \leqslant 999$"，无效等价类为"$x < 1$"及"$x > 999$"。

（2）如果一个输入条件规定了值的个数，则可确定一个有效等价类和两个无效等价类。例如，在程序的规格说明中，规定每个班学生人数不超过 40 人，则可以确定有效等价类为"$1 \leqslant$ 学生人数 $\leqslant 40$"，无效等价类为"学生人数 $= 0$"及"学生人数 > 40"。

（3）如果一个输入条件规定了值的集合，而且有理由确信程序对每个输入数据都分别进行处理，则可以确定一个有效等价类（在集合中的所有元素）及一个无效等价类（不在集合中的元素）。

（4）如果一个输入条件规定了"必须如何"的条件，则可以确定一个有效等价类及一个无效等价类。例如，输入条件规定"标识符应以字母开头"，则可以确定"以字母开头者"为有效等价类，"以非字母开头者"为无效等价类。

（5）如果有理由确信某一个已划分的等价类中各元素在程序中处理方式不同，则应将此等价类划分成更小的等价类。等价类划分好后，可按下面的形式列出等价类表：

输入条件	有效等价类	无效等价类
……	……	……
……	……	……

选择测试用例的基本步骤是：
- 给每个等价类规定一个唯一的编号；
- 设计新的测试用例，使它覆盖尽可能多的尚未被覆盖的有效等价类，重复这一步，直到所有有效等价类均被覆盖为止；
- 设计新的测试用例，使它覆盖一个且仅一个未被覆盖的无效等价类，重复这一步，直到所有无效等价类均被覆盖为止。

必须注意，对有效等价类，一个测试用例可以覆盖几个，因此应该用尽可能少的测试用例去覆盖所有有效等价类；对无效等价类，一个测试用例只能覆盖一个，这是因为程序中的某些错误检测往往会抑制其他的错误检测。

例 3 测试场景：某款游戏规定玩家的年龄在 $16 \sim 25$ 周岁之间，即出生年月从 1991 年 1 月至 2000 年 12 月。游戏程序具有自动检测输入程序的功能。若年龄不在此范围内，则显示拒绝注册的信息。试用等价类划分法为该程序设计测试用例。设计方法：划分有效等价类和无效等价类。

假定年龄用 6 位整数表示，前 4 位表示年份，后 2 位表示月份。输入数据有出生年月、数值本身、月份 3 个等价类，并为此划分有效等价类和无效等价类，如表 5 - 6 所示。

表5-6 判断玩家年龄的等价类划分

输入条件	有效等价类	无效等价类
出生年月	①6位数字字符	②有非数字字符； ③少于6位数字字符； ④多于6位数字字符
数值本身	⑤在199101～200012之间	⑥<199101；⑦>200012
月份	⑧在01～12之间	⑨等于00；⑩>12

（1）设计有效等价类需要的测试用例。为覆盖①⑤⑧三个有效等价类，可以设计一个共用的测试用例：

测试数据	预期结果	测试范围
199811	输入有效	①⑤⑧

（2）为每一个无效等价类至少设计一个测试用例：

测试数据	预期结果	测试范围
May，79	输入无效	②
19803	输入无效	③
1981112	输入无效	④
197602	年龄不合格	⑥
200603	年龄不合格	⑦
197900	输入无效	⑨
198013	输入无效	⑩

5.5.2 边界值分析法

边界值分析是对等价类划分法的补充。所谓边界值分析，就是选择的测试用例，它能使被测程序在边界值及其附近运行，从而更有效地暴露程序中隐藏的错误。因为程序常常在处理边界情况时易于犯错误，检查边界情况的测试用例往往是高效的，所以输入等价类和输出等价类就是应着重测试的边界情况。应当选取正好等于或刚刚超出边界的值作为测试数。

边界值分析法与等价类划分法有两个方面的区别：

（1）边界值分析法不是从某个等价类中随便设计一个数据作为测试用例，而是选出一个或多个数据，使得这个等价类的每个边界值都要作为测试数据；

（2）边界值分析法不仅要考虑程序的输入空间，而且要根据输出空间设计测试用例。

用边界值分析法设计测试用例时，有以下几条原则：

（1）如果输入条件规定了值的范围，则取刚达到这个范围边界的值，以及刚刚超出范围的无效数据作为测试用例。例如输入值的范围为 −100 ～ +100，则可以选取 +100、−100、+101、−101 作为测试数据。

（2）如果输入条件规定了值的个数，则用最大个数、最小个数、比最大个数多 1、比最小个数少 1 的数作为测试用例。例如有规定"某文件可包括 1 至 255 个记录"，则测试数据可选 1 和 255 及 0 和 256 等值。

（3）对每个输出条件使用第（1）条原则。例如某个程序为计算每月的保险金额，若最小额是 0 元，最大额是 1000 元，那么就应设计导致扣除 0 元和 1000 元的测试数据。另外还应考虑是否可设计使程序扣除负额或大于 1000 元的测试数据。

（4）对每个输出条件使用第（2）条原则。例如一个情报检索系统根据某一输入请求，显示有关文献的摘要，但不能多于 4 条摘要，那么就可以设计一些测试用例，使得程序分别显示 1 篇、4 篇或 0 篇摘要，并设计一个有可能使程序错误地显示 5 篇摘要的测试用例。

（5）如果程序的输入域或输出域是有序集合，则应选取集合的第一个元素和最后一个元素作为测试用例。

（6）如果程序中使用了一个内部数据结构，则应当选择这个内部数据结构的边界上的值作为测试用例。例如，如果程序中定义了一个数组，其元素下标的下界是 0，上界是 100，那么应选择达到这个下标边界的值，如 0 与 100 作为测试用例。

（7）分析规格说明，找出其他可能的边界条件。

例 4　试用边界值分析法为该程序设计测试用例。设计方法：利用等价类划分法设计 3 个输入等价类：出生年月、数值本身、月份。采用边界值分析法可为这 3 个输入等价类设计 14 个边界值测试用例，如表 5−7 所示。

表 5−7　边界值测试用例设计

输入等价类	测试用例说明	测试数据	期望结果	选择理由
出生年月	1 个数字字符	5	输入无效	仅有 1 个合法字符
	5 个数字字符	19791		比有效长度仅少 1 字符
	7 个数字字符	1980121		比有效长度仅多 1 字符
	有 1 个非数字字符	1981m		非法字符最少
	全是非数字字符	abc		非法字符最多
	6 个数字字符	199108	输入有效	有效的输入
数值本身	16 岁	200012	合格年龄	最小合格年龄
	25 岁	199101		最大合格年龄
	<16 岁	200101	不合格年龄	刚好小于合格年龄
	>25 岁	199012		刚好大于合格年龄

输入等价类	测试用例说明	测试数据	期望结果	选择理由
月份	月份为 01	199101	输入有效	最小月份
	月份为 12	200012		最大月份
	月份 <01	199100	输入无效	刚小于最小月份
	月份 >12	199813		刚大于最大月份

5.5.3 错误推测法

错误推测法就是根据经验或直觉推测程序容易发生的各种错误,然后有针对性地设计能检查出这些错误的测试用例。由于错误推测法是基于经验的,因而没有确定的产生测试用例的步骤。错误推测法的基本思路是:列举出程序中所有可能出现的错误和容易发生错误的特殊情况,根据它们选择测试用例。在用边界值分析法为例 4 程序设计测试用例的基础上,错误推测法补充新的测试用例。可以补充其他的测试用例,如:

(1)输入的"出生年月"为 0 或空。

(2)年月次序颠倒。

5.5.4 决策表测试法

在一些数据处理问题中,某些操作是否实施依赖于多个逻辑条件的取值。在这些逻辑条件取值的组合所构成的多种情况下,分别执行不同的操作。处理这类问题,一个非常有力的分析和表达工具是判定表,或称决策表(decision table)。在所有功能性测试方法中,基于决策表的测试方法是最严格的,决策表在逻辑上是严密的。决策表通常由以下 4 部分组成:

● 条件桩——列出问题的所有条件;

● 条件项——针对条件桩给出的条件列出所有可能的取值;

● 动作桩——列出问题规定的可能采取的操作;

● 动作项——指出在条件项的各组取值情况下应采取的动作。

将任何一个条件组合的特定取值及相应要执行的动作称为一条规则,如图 5-17 所示。规则是任何一个条件组合的特定取值及其相应要执行的操作,在判定表中贯穿条件项和动作项的一列就是一条规则。显然,判定表中列出多少组条件取值,也就有多少条规则,即条件项和动作项有多少列。

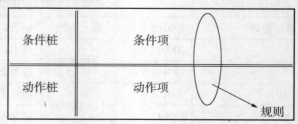

图 5-17 决策表规则定义

构造决策表的 5 个步骤：

(1) 确定规则的个数：有 n 个条件的决策表有 $2n$ 个规则(每个条件取真、假值)。

(2) 列出所有的条件桩和动作桩。

(3) 填入条件项。

(4) 填入动作项，得到初始决策表。

(5) 简化决策表，合并相似规则。若表中有两条以上规则具有相同的动作，并且在条件项之间存在极为相似的关系，便可以合并。合并后的条件项用符号"—"表示，说明执行的动作与该条件的取值无关，称为无关条件。

例 5 测试场景：程序读入 3 个整数，把这 3 个数值看作一个三角形的 3 条边的长度值。这个程序要打印出信息，说明该三角形是不等边的、等腰的还是等边的。用决策表黑盒测试法对此项目设计测试用例。

第一步：将输入条件做等价类划分，如表 5−8 所示。确定输入数据与三角形形状的关系，设三角形的 3 条边分别为 a、b、c。如果能够构成三角形的 3 条边，必须满足：

● $a>0$，$b>0$，$c>0$，且 $a+b>c$，$b+c>a$，$a+c>b$；

● 如果是等腰的，还要判断 $a=b$，或 $b=c$，或 $a=c$；

● 如果是等边的，则需判断是否 $a=b$，且 $b=c$，且 $a=c$。

表 5−8　三角形输入条件划分

输入条件	有效等价类	无效等价类
是否三角形的三条边	$(a>0)$，　(1) $(b>0)$，　(2) $(c>0)$，　(3) $(a+b>c)$，　(4) $(b+c>a)$，　(5) $(a+c>b)$，　(6)	$(a\leq0)$，　(7) $(b\leq0)$，　(8) $(c\leq0)$，　(9) $(a+b\leq c)$，　(10) $(b+c\leq a)$，　(11) $(a+c\leq b)$，　(12)
是否等腰三角形	$(a=b)$，　(13) $(b=c)$，　(14) $(c=a)$，　(15)	$(a\neq b)$ and $(b\neq c)$ and $(c\neq a)$　(16)
是否等边三角形	$(a=b)$ and $(b=c)$ and $(c=a)$　(17)	$(a\neq b)$，　(18) $(b\neq c)$，　(19) $(c\neq a)$，　(20)

第二步：根据分析，找出条件有哪些，动作有哪些，填入各条件项、动作项，合并相似规则，得出决策表，如表 5−9 所示。

游戏测试

表5−9　三角形判定决策表

条件	规则1～8	规则9	规则10	规则11	规则12	规则13	规则14	规则15	规则16
	7～12	17	13、15	13、14	13	14、15	15	14	16
c_1：a、b、c 构成三角形？	N	Y	Y	Y	Y	Y	Y	Y	Y
c_2：$a = b$？	—	Y	Y	Y	Y	N	N	N	N
c_3：$a = c$？	—	Y	Y	N	Y	N	Y	Y	N
c_4：$b = c$？	—	Y	N	Y	N	Y	N	Y	N
动作									
a_1：非三角形	√								
a_2：一般三角形									√
a_3：等腰三角形					√		√	√	
a_4：等边三角形		√							
a_5：不可能			√	√		√			

鲍里斯·贝泽(B. Beizer)指出了适合使用判定表设计测试用例的条件：

(1)规格说明以判定表形式给出，或很容易转换成判定表。

(2)条件的排列顺序不会也不影响执行哪些操作？

(3)规则的排列顺序不会也不影响执行哪些操作？

(4)每当某一规则的条件已经满足并确定要执行的操作后，不必检验别的规则。

(5)如果某一规则得到满足要执行多个操作，这些操作的执行顺序无关紧要。

贝泽提出这5个必要条件的目的是使操作的执行完全依赖于条件的组合。其实对于某些不满足这几条的判定表，同样可以借以设计测试用例，只不过尚需增加其他的测试用例罢了。决策表的优点就是能够将复杂的问题按照各种可能的情况全部列举出来，简明并避免遗漏。因此，利用决策表能够设计出完整的测试用例集合。而不足之处在于一些数据处理问题当中，某些操作的实施依赖于多个逻辑条件的组合，即针对不同逻辑条件的组合值，分别执行不同的操作，决策表很适合于处理这类问题。

5.5.5　因果图法

前面介绍的等价类划分法和边界值分析法，都是着重考虑输入条件，但未考虑输入条件之间的联系、相互组合等。考虑输入条件之间的相互组合，可能会产生一些新的情况。但要检查输入条件的组合不是一件容易的事，即使把所有输入条件划分成等价类，它们之间的组合情况也相当多。因此，必须考虑采用一种适合于描述多种条件的组合，相应产生多个动作的形式来考虑设计测试用例，这就需要利用因果图(逻辑模型)。值得一提的是，因果图最终要转化成决策表，从而生成测试用例。使用因果图有助于生成决策表。

因果图法的基本思想是：从用自然语言书写的程序规格说明中找出"因"（输入条件或输入条件的等价类）和"果"（输出或程序状态的修改），通过画因果图将程序规格说明书转换成一张判定表，再为判定表的每一列设计测试用例。

1. 因果图的基本符号

在因果图中，用 c_i 表示"因"，用 e_i 表示"果"。包括下列图形符号：

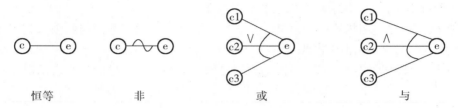

图 5-18　因果图的基本符号

①恒等：表示"因"与"果"之间一对一的对应关系。若"因"出现，则"果"出现；若"因"不出现，则"果"也不出现。

②非：表示"因"与"果"之间是一种否定关系。若"因"出现，则"果"不出现；若"因"不出现，则"果"会出现。

③或：表示若几个"因"中有一个出现，则"果"出现，只有当这几个"因"都不出现时，"果"才不出现。

④与：表示若几个"因"都出现，"果"才出现。若几个"因"中有一个不出现，"果"就不出现。

2. 因果图的约束符号

为了表示"因"与"因"之间、"果"与"果"之间可能存在的约束条件，在因果图中可以附加一些表示约束条件的符号，如图 5-19 所示。

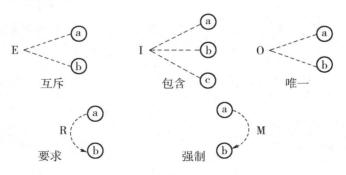

图 5-19　因果图的结束符合

①互斥（E）：表示两个"因"不能同时成立。

②包含（I）：表示三个"因"中有一个成立。

③唯一（O）：表示两个"因"中有且仅有一个成立。

④要求（R）：表示当一个"因"出现时，另一个"因"也必须出现。不可能一个"因"出现，另一个"因"不出现。

⑤屏蔽（M）：该约束是对输出而言。表示当一个"果"出现时，另一个"果"不能出现；而当这个"果"不出现时，另一个"果"出现与不出现不确定。

因果图方法最终生成的就是判定表，它适合于检查程序输入条件的各种组合情况。利用因果图生成测试用例的基本步骤如下：

• 分析软件规格说明描述中，哪些是原因（即输入条件或输入条件的等价类），哪些是结果（即输出条件），并给每个原因和结果赋予一个标识符；

• 分析软件规格说明描述中的语义，找出原因与结果之间、原因与原因之间对应的关系，根据这些关系，画出因果图；

• 由于语法或环境限制，有些原因与原因之间、原因与结果之间的组合情况不可能出现，为表明这些特殊情况，在因果图上用一些记号表明约束或限制条件；

• 把因果图转换为判定表；

• 把判定表的每一列拿出来作为依据，设计测试用例。

例6 因果图法测试举例。程序的规格说明要求：输入的第一个字符必须是#或∗，第二个字符必须是一个数字，在此情况下进行文件的修改；如果第一个字符不是#或∗，则给出信息 N，如果第二个字符不是数字，则给出信息 M。

测试思路：首先分析程序的规格说明，列出原因和结果。得到的"因"是：第一个字符是#；第一个字符是∗；第二个字符是数字。得到的"果"是：e1 给出信息 N；修改文件；给出信息 M。

因	果
c1：第一个字符是#	e1：给出信息 N
c2：第一个字符是∗	e2：修改文件
c3：第二个字符是一个数字	e3：给出信息 M

接着，找出原因与结果之间的因果关系、原因与原因之间的约束关系，画出因果图如图 5－20 所示（编号为 10 的中间节点是导出结果的进一步原因）。

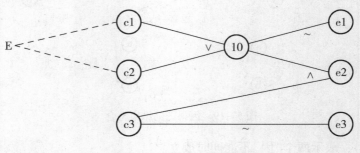

图 5－20　示例6 因果图

然后，将因果图转换成如下所示的决策表：

	规则 1	规则 2	规则 3	规则 4	规则 5	规则 6	规则 7	规则 8
条件：								
c1	1	1	1	1	0	0	0	0
c2	1	1	0	0	1	1	0	0
c3	1	0	1	0	1	0	1	0
10			1	1	1	1	0	0
动作：								
e1							√	√
e2			√		√			
e3				√		√		√
不可能	√	√						
测试用例			#3	#A	*6	*B	A1	GT

最后，根据决策表中的每一列测试用例，设计测试用例的输入数据和预期输出：

测试用例编号	输入数据	预期输出	测试用例编号	输入数据	预期输出
1	#3	修改文件	4	*B	给出信息 M
2	#A	给出信息 M	5	A1	给出信息 N
3	*6	修改文件	6	GT	给出信息 N 和信息 M

本章小结

测试用例的设计是测试过程中一个很重要的组成部分，围绕测试用例而形成的测试过程和组织方法是一个比较复杂的过程。测试用例的设计需要从很多角度考虑，首先需考虑游戏策划和程序需求，同时还要考虑项目是否有功能性及非功能性需求。比如系统可用性需求、网络带宽需求、系统响应性能需求等。如果存在这些需求，那么用例设计时就需要加以考虑。其次，功能性需求在设计用例时也需要考虑诸如大用户量并发之类的情况。再次，测试用例包含容错用例。最后，测试用例编写的同时，是有等级区分的，有的用例是关键流程或者功能点，那么优先级就高；这样便于进行回归或者重复使用。

在白盒测试用例设计方法中，以逻辑覆盖法为主，包括语句覆盖、判定覆盖、条件覆盖、判定/条件覆盖和条件组合覆盖。而在等价类划分法、边界值分析法、错误推测法、决策表测试法、因果图法等黑盒测试用例设计方法中，常常将等价类划分法和边界值分析法组合使用。总之，根据测试用例的属性，分阶段、分模块来组织测试用例，并用于整个游戏开发周期中。

6 单元测试

测试过程应该依据每一个阶段的不同特点，采用不同的测试方法和技术，指定不同的测试目标。按阶段进行测试是一种基本的测试策略，单元测试是测试执行过程中的第一个阶段。本章主要从单元测试的定义、目标、过程、技术和方法、评估等方面进行介绍和讨论，重点论述单元测试中最常用的静态测试技术，以及黑盒与白盒的动态测试技术的运用。

6.1 单元测试的定义及意义

单元测试是对游戏基本模块组成单元进行的测试。单元测试的对象是游戏软件设计的最小单元，其目的在于发现每个程序模块内部可能存在的差错。单元测试也是程序员的一项基本职责。程序员必须对自己所编写的代码保持认真负责的态度，这也是程序员的基本职业素质之一。同时单元测试能力也是程序员的一项基本能力，能力的高低直接影响到程序员的工作效率与软件的质量。

程序员每天都在做单元测试，如编写一个函数后总要执行一下，看看其功能是否正常，有时还要想办法输出些数据（如弹出信息窗口等），这就是单元测试，也可以称其为临时单元测试。在游戏测试中，一个最小的单元应该有明确的功能定义、性能定义、接口定义，而且可以清晰地与其他单元区分开。只进行了临时单元测试的软件，对代码的测试是很不完整的，代码覆盖率达到 70% 都很困难，而在未覆盖的代码中可能遗留大量细小的错误。这些错误还会互相影响，增加调试的难度，大幅提高后期测试和维护成本。因此，单元测试是提高软件质量、降低开发成本的必由之路。

在编码的过程中做单元测试，其花费最小，而回报却特别高。在编码的过程中考虑测试问题，得到的将是更优质的代码，因为这时对代码应该做些什么了解得最清楚。否则，等到某个模块崩溃了再来考虑，可能忘记了代码是怎样工作的，这又要花费许多时间来重新把它弄清楚，而且因唤回的理解可能不那么完全，这样做出的更正往往不会那么彻底，可能更脆弱。

通常合格的代码应该具备以下性质：正确性、清晰性、规范性、一致性、高效性等（根据优先级别排序）。

- 正确性是指代码逻辑必须正确，能够实现预期的功能。
- 清晰性是指代码必须简明、易懂，注释准确没有歧义。
- 规范性是指代码必须符合企业或部门定义的共同规范，如命名规则、代码风格等。

- 一致性指代码必须在命名（如相同功能采用相同变量标示符）、风格上保持统一。
- 高效性是指代码不但要满足以上性质，而且要尽可能降低代码的执行时间。

6.2 单元测试的目标任务

　　单元测试是一种细粒度的测试，又称模块测试，属于白盒测试，是最小单位的测试。模块分为程序模块和功能模块。功能模块指实现了一个完整功能的模块（单元），一个完整的程序单元具备输入、处理和输出三个环节，而且每个程序单元都应该有正规的规格说明，对其各个环节的关系做出明确的描述。

　　确保各单元模块被正确地编码是单元测试的主要目标，但是单元测试不只是测试代码的功能性，还需确保代码在结构上可靠且健全，并且能够在所有条件下正确响应。如果游戏中的代码未被适当测试，有可能导致内存泄漏或指针被窃的安全性风险以及性能问题。执行完全的单元测试，可以减少应用级别所需的工作量，并且彻底减少发生误差的可能性。如果手动执行，单元测试可能需要大量的工作，因而执行高效率单元测试的关键是自动化。单元测试是测试程序代码，为了保证目标的实现，必须制定合理的计划，采用适当的测试方法和技术，进行正确评估。在游戏测试过程中进行单元测试的目标主要是：

- 信息能否正确地流入和流出被测单元。
- 单元内部数据能否保持完整性，包括内部数据的形式、内容及相互关系不发生错误，也包括全局变量在单元中的处理和影响。
- 单元的运行能否满足特定的逻辑覆盖。
- 单元的错误处理是否有效。

　　为了实现上述目标，单元测试的主要任务有：模块接口测试、模块局部数据结构测试、模块边界条件测试、模块中所有独立执行通路测试、模块的各条错误处理通路测试以及代码书写规范。

　　（1）模块接口测试：在数据能正确流入、流出模块的前提下，其他测试才有意义，所以模块接口的检查和确认是单元测试的基础。模块接口测试应考虑下列因素：

- 调用其他模块时所给的输入参数与模块的形式参数个数、属性、顺序上是否匹配；
- 调用其他模块时所给实际参数的个数是否与被调模块的形参个数相同；
- 调用其他模块时所给实际参数的属性是否与被调模块的形参属性匹配；
- 调用预定义函数时所用参数的个数、属性和次序是否正确；
- 输入的实际参数与形式参数的个数是否相同；
- 输入的实际参数与形式参数的属性是否匹配；
- 输入的实际参数与形式参数的量纲是否一致；
- 是否修改了只作输入用的形式参数；
- 是否存在与当前入口点无关的参数引用；
- 是否修改了只读型参数；

- 对全程变量的定义各模块是否一致；
- 是否把某些约束作为参数传递；
- 输出给标准函数的参数在个数、属性、顺序上是否正确；
- 限制是否通过形式参数来传送；
- 文件属性是否正确；
- OPEN/CLOSE 语句是否正确；
- 格式说明与输入输出语句是否匹配；
- 缓冲区大小与记录长度是否匹配；
- 文件使用前是否已经打开；
- 是否处理了输入/输出错误；
- 输出信息中是否有文字性错误；
- 在结束文件处理时是否关闭了文件。

（2）局部数据结构测试：局部数据结构测试是为了保证临时存储在模块内的数据在程序执行过程中完整、正确。模块的局部数据结构往往是错误的根源，局部数据测试力求发现最常见的几类错误：

- 不合适或不相容的类型说明；
- 变量无初值；
- 变量初始化或省缺值有错；
- 不正确的变量名（拼错或不正确地截断）；
- 出现上溢、下溢和地址异常。

（3）路径测试：应对模块中重要的执行路径进行测试。由于错误的计算、不正确的比较或不正常的控制流而导致执行路径的错误。路径错误包括：

- 运算的优先次序不正确或误解了运算的优先次序；
- 运算的方式错，即运算的对象彼此在类型上不相容；
- 算法错；
- 初始化不正确；
- 浮点数运算精度问题而造成的两值比较不等；
- 关系表达式中不正确的变量和比较符号表示不正确；
- 不正确地多循环一次或少循环一次；
- 错误的或不可能的循环终止条件；
- 当遇到发散的迭代时不能终止的循环；
- 不适当地修改了循环变量等。

（4）边界条件测试：软件经常在边界上失效，因此边界条件测试是单元测试中最重要的一项任务。边界条件测试是一项基础测试，也是后面系统测试中的功能测试的重点，边界测试执行得好，可以大大提高程序健壮性。边界条件错误包括：

- 程序内有一个 n 次循环，n 次循环应是 $1 \sim n$，出错 $0 \sim n$；
- 小于、小于等于、等于、大于、大于等于、不等于确定的比较值出错；
- 出现上溢、下溢和地址异常。

(5)错误处理测试：比较完善的模块设计要求能预见出错的条件，并设置适当的出错处理，以便在程序出错时，能对出错程序重做安排，保证其逻辑上的正确性。这种出错处理也应当是模块功能的一部分。错误处理包括下列情况：

- 出错的描述难以理解；
- 出错的描述不足以对错误定位，不足以确定出错的原因；
- 显示的错误与实际的错误不符；
- 对错误的条件处理不正确；
- 异常处理不当。

(6)代码书写规范：代码书写规范应考虑下列因素：

- 模块设计程序框架流程图；
- 代码书写规范，对齐方式；
- 代码的注释；
- 参数类型、数据长度、指针、数组长度大小；
- 输入输出参数和结果。

6.3 静态测试技术

单元测试中的静态测试技术是指在不运行被测程序而对其代码进行分析。适用于新开发和重用的代码，通常是在代码无错误地通过编译后进行，由开发人员实施。在正规的游戏项目中，程序代码虽然能正确运行，但编写可能并不符合某种标准和规范，这就会造成别的程序员不容易理解代码所运行的实际工作，从而影响到程序的维护和移植性。

6.3.1 编码的规范

程序代码中最常使用的是通过运算符将变量、函数组合而成的表达式，变量通常分为系统变量和自定义的全局变量、局部变量；函数也有系统函数和自定义函数。在检查代码时首先要检查变量定义是否正确、有没有赋初值、命名是否符合规范。在 C++ 、Java、XML 语言中对 if – else 和 while 语句都有其使用标准，例如，Google C++ 编码规范中对头文件、作用域、类、指针、命名约定、注释和格式都有严格的要求。

除了要符合计算机语言标准外，还需要针对相应的行业标准，每个企业甚至每个开发项目都会根据自身特点制定一组标准。如果没有成文的编码风格文档，程序员没有一个共同的标准参考，编码的风格就会各异。源程序的统一标志着代码可靠易读、便于移植和可维护性强。

例 1　*游戏 C++ 代码书写规范。（见附录 1）*

6.3.2 代码走查

代码走查（walk through）是一种制度，通过相关人员分头阅读代码，并在会上讨论，以发现一些编程过程中常犯的错误、笔误或不符合管理/规范的代码等。事实证明，这是一种非常有效的手段，被公认为是软件开发必需的过程之一。

一般认为代码走查是一种非正式的代码评审技术，它通常在编码完成之后由代码的作者向一组同事讲解自己编写的代码，由同事给出意见。很多软件开发组织经常采用这种做法。但从实际执行效果来看，成效并不那么明显，反而有浪费时间之嫌。主要是因为代码走查活动时间有限，而参加代码走查的人之前没有较多的时间来提前了解被走查的代码，故而在实际执行时能被走查的代码所占的比例并不高，同时也发现不了多少本质问题。

随着软件外包业的发展，客户对于软件产品的要求不再局限于系统是否能够正确运行。而是在设计、代码的品质上也有了更多的要求。有的客户甚至会在每次交付后检查代码的品质，只要代码不符合要求就会拒绝。在项目的实际执行中，面对客户的这些要求，软件接包者又常常遇到诸如编写的代码不符合规范、编码效率低、代码的可重用性低、代码错误多等现象，从而影响到项目的时程和交付的品质，影响到客户对外包公司的满意度和对其专业程度的质疑。

为在项目的执行过程中解决面临的这些问题，结合在过程中改进的实践和软件外包项目的实际，一个可行方法仍是有效地执行代码走查活动。

进行代码走查活动的主要目的有：

- 及时了解程序员编写的代码是否符合设计要求以及编码规范；
- 及时了解程序员在编码过程中遇到的问题，并给以协助，从而有效、透明地掌控项目进度；
- 及时了解代码中可以重用的代码，并将其提取为公共方法或模块，提高代码的可重用性以弥补当前人员设计能力的不足。

要达到上面的三个目的，显然仅仅依靠工具是不够的。那么如何执行代码走查活动才会有效呢？

首先，在系统设计阶段，需要明确系统架构、编码规范等技术要求，制定出代码走查活动需要的 Checklist。

其次是确定代码走查时发现问题的记录方式。可以使用文档的方式来记录（这在很多项目中使用），也可以使用缺陷跟踪系统来记录。当准备工作完成，且项目进入 Coding 阶段后，即可正式开始执行代码走查活动。为改变以前那种事后检查的弊端，将代码走查活动前移到与程序员的 Coding 同步进行。这样做是为了及时发现问题、及时解决问题。实施的步骤如下：

（1）负责代码走查的人员从建构库中获取需要走查的代码。

（2）阅读代码，并根据前面准备好的 Checklist 对代码进行检查，看代码是否符合相关的技术要求，以及是否满足业务需求，并将发现的问题及时记录下来。通常可以在阅读代码之前或者阅读完代码之后，利用工具进行必要的 Check。可利用的工具有：Checkstyle、CodePro、FindBugs、Metrics、JDepend 等。

（3）阅读代码的过程中，如果发现有可供提取的可重用方法或模块，及时记录并通报给项目的架构负责人，由其负责可重用方法的编写。

（4）及时向程序员通报代码走查的结果，并由程序员对发现的问题进行修改。必要时将代码走查中发现的问题及时向程序员进行讲解，并指导其修改。

（5）跟踪代码走查中发现的问题的进展，直到问题均解决。

（6）每日重复以上步骤，直到所有功能的编码全部结束为止。

通过以上代码走查活动的说明，可看出代码走查人员在项目中承担着比较重要的角色。因此安排合适的人来进行代码走查，直接关系着代码走查活动的最终成效。通常可考虑安排功能的设计者负责该功能的代码走查。这样有如下好处：

一是功能的设计者对于功能的业务需求比较清楚，这样在代码走查时就容易了解程序员编写的代码是否能够满足设计的要求和业务需求，也是对设计的一种检查。

二是通常功能的设计者都是较资深的人员，可以为程序员提供有效的指导和协助，也是对程序员的在职训练。

在实施代码走查的过程中，还需要借助工具来提高效率，但切忌过分依赖工具或者仅仅靠工具。同时也要防止为代码走查而走查，因为那样就不能发挥代码走查的作用，并不能达到代码走查的目的。

6.3.3　代码审查

代码审查（inspection）是一种正式的检查和评估方法，最早是由 IBM 公司提出。代码审查一般放在编译通过之后，目的是检查通用语义、用法等中级错误。应当说明的是，代码审查仅仅作为一种代码质量保证的方式。代码审查主要检查代码中是否存在代码的一致性、编码风格、代码的安全问题、代码冗余、是否正确设计以满足需求（性能、功能）等问题。具体内容如下：

（1）完整性检查：代码是否完全实现了设计文档中提出的功能需求；代码是否已按照设计文档进行了集成和 Debug；代码是否已创建了需要的数据库，包括正确的初始化数据；代码中是否存在没有定义或没有引用到的变量、常数或数据类型。

（2）一致性检查：代码的逻辑是否符合设计文档的要求；代码中使用的格式、符号、结构等风格是否保持一致。

（3）正确性检查：代码是否符合制定的标准；所有的变量是否都被正确定义和使用；所有的注释是否都准确；所有的程序调用是否都使用了正确的参数个数。

（4）可修改性检查：代码涉及的常量是否易于修改（如使用配置、定义为类常量、使用专门的常量类等）；代码中是否包含了交叉说明或数据字典，以描述程序是如何对变量和常量进行访问的；代码是否只有一个出口和一个入口（严重的异常处理除外）。

（5）可预测性检查：代码所用的开发语言是否具有定义良好的语法和语义；代码是否避免了依赖于开发语言缺省提供的功能；代码是否无意中陷入了死循环；代码是否避免了无穷递归。

（6）健壮性检查：代码是否采取措施避免运行时错误（如数组边界溢出、被零除、值越界、堆栈溢出等）。

（7）结构性检查：程序的每个功能是否都作为一个可辨识的代码块存在；循环是否只有一个入口。

（8）可追溯性检查：代码是否对每个程序进行了唯一标识；是否有一个交叉引用的框架可用来在代码和开发文档之间相互对应；代码是否包括一个修订历史记录，记录中对代码的修改和原因是否都有记录；是否所有的安全功能都有标识。

（9）可理解性检查：注释是否足够清晰地描述每个子程序；是否使用不明确或不必要的复杂代码，代码是否被清楚注释；是否使用一些统一的格式化技巧（如缩进、空白等）用来增强代码的清晰度；是否在定义命名规则时采用了便于记忆、反映类型等方法；每个变量是否都定义了合法的取值范围；代码中的算法是否符合开发文档中描述的数学模型。

（10）可验证性检查：代码中的实现技术是否便于测试。

通常，审查结果以缺陷表汇总测试的内容，并将程序设计中可能发生的各种缺陷进行分类，每一类列举尽可能多的典型缺陷。在每次审查会议后，对新发现的缺陷都要进行分析、归类，不断充实缺陷检查表。附录 2 就是一个代码审查表示例。

6.4　动态测试技术

游戏项目在完成静态测试后，还需要设计一系列的测试用例，运行程序完成动态测试，以确保测试的完整性和有效性。动态测试是在计算机上实际运行被测试的软件，通过选择适当的测试用例，判定执行结果是否符合要求，从而测试软件的正确性、可靠性和有效性。动态测试的两种主要方法是白盒测试和黑盒测试。值得一提的是，白盒、黑盒测试不能相互替代，而应互为补充，在测试的不同阶段为发现不同类型的错误而灵活选用。

6.4.1　白盒测试方法

白盒测试技术的理论性比较强，也比较成熟，但在游戏测试中不是每个单元都可以很好地完整运用白盒测试技术，如果不是关键的单元也没必要进行白盒测试。白盒测试是对软件内部工作过程的细致检查，它允许测试人员利用程序内部的逻辑结构及有关信息，设计或选择测试用例，对程序所有逻辑路径进行测试。通过在不同测试点检查程序的状态，确定实际的状态是否与预期的状态一样。因此，白盒测试又称为结构测试或逻辑驱动测试。对于单元白盒测试，应该对程序模块进行如下检查：

- 对模块内所有独立的执行路径至少测试一次。
- 对所有的逻辑判定，取"真"与"假"的两种情况至少都执行一次。
- 在循环的边界和运行界限内执行循环体。
- 测试内部数据的有效性等。

白盒测试一般选用可以有效揭露隐藏错误的路径进行测试，所以如何设计测试用例是这种方法的关键。白盒测试的测试用例设计，采用逻辑覆盖法和基本路径法。

6.4.2　黑盒测试方法

黑盒测试方法主要运用于单元的功能和性能测试，在单元测试环节，运行被测单元还需要基于被测单元的接口开发相应的驱动模块(driver)和桩模块(stub)，如图6-1所示。黑盒测试则着眼于软件的外部结构，不考虑程序的逻辑结构和内部特性，仅依据软件的需求规格说明书，在软件界面上检查程序的功能是否符合要求，因此黑盒测试又称为功能测试或数据驱动测试。用黑盒测试发现程序中的错误，必须在所有可能的输入条件和输出条件中确定测试数据，来检查程序是否都能产生正确的输出。

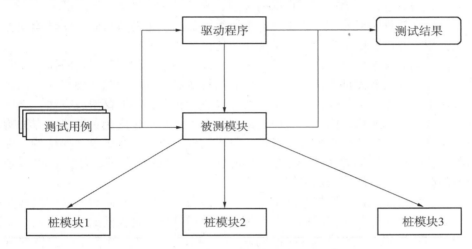

图6-1　单元测试中驱动模块和桩模块

对于测试用例的选择除了满足白盒测试所选择的覆盖程度(或覆盖标准)外，还需要尽可能地采用黑盒测试的边界值分析法、错误推测法等常用的设计方法。

(1)采用边界值分析法设计合理的输入条件与不合理的输入条件；条件边界测试用例应该包括输入参数的边界与条件边界(if，while、for、switch、SQL Where 子句等)。

(2)错误推测法，列举出程序中所有可能的错误和容易发生错误的特殊情况，根据它们选择测试用例；在编码、单元测试阶段可以发现很多常见的错误和疑似错误，对于这些错误应该做重点测试，并设计相应的测试用例。

在单元测试时，如果模块不是独立的程序，需要辅助测试模块。有两种辅助模块：

①驱动模块：所测模块的主程序。它接收测试数据，把这些数据传递给所测试模块，最后再输出测试结果。当被测模块能完成一定功能时，也可以不要驱动模块。

②桩模块：用来代替所测模块调用的子模块。桩模块可以做少量的数据操作，不需要把子模块所有功能都带进来，但也不容许不带任何功能。

因为单元本身不是一个独立的程序，一个完整的、可运行的软件系统并没有形成，所以在测试模型设计中必须为每个单元测试开发驱动模块和桩模块。在绝大多数应用中，驱动模块只是一个接收测试数据并把数据传送给要测试单元的模块，然后打印相关结果的"主程序"。桩模块的功能是替代那些隶属于本模块(被调用)的模块，桩模块要使用子模块的接口，做少量的数据操作，并验证打印入口处的信息，然后返回。所测模块与它相关的驱动模块及桩模块共同构成了一个"测试环境"。驱动模块和桩模块的编写会给测试带来额外的开销，因为它们在软件交付时并不作为产品的一部分交付，而且它们的编写需要一定的工作量。特别是桩模块，不能只简单地给出"曾经进入"的信息。为了能够有效地完成测试，桩模块可能需要模拟实际子模块的功能，这样桩模块的建立就并不轻松。要避免编写困难费时的桩模块，只需在项目进度管理时将实际桩模块的代码编写工作安排在被测模块前编写。这样可以提高测试工作的效率，提高实际桩模块的测试频率，从而有效保证产品的质量。但是，为了保证能够向上一层级提供稳定可靠的实际桩模块，为后续模块测试打下良好的基础，驱动模块还是必不可少的。

对于每一个软件包或子系统，可以根据所编写的测试用例编写一个测试模块类来做驱动模块，用于测试包中所有的待测试模块。这样做的好处在于：

● 能够同时测试包中所有的方法或模块，也可以方便地测试跟踪指定的模块或方法。

● 能够联合使用所有测试用例对同一段代码执行测试，发现问题，便于回归测试。当某个模块作了修改之后，只要执行测试类就可以执行所有被测的模块或方法。这样不但能够方便检查、跟踪所修改的代码，而且能够检查出修改对包内相关模块或方法所造成的影响，使修改引进的错误能被及时发现。复用测试方法，使测试单元保持持久性，并可以用既有的测试来编写相关测试。将测试代码与产品代码分开，使代码更清晰、简洁，提高测试代码与被测代码的可维护性。

驱动模块和桩模块都是额外的开销，都属于必须开发但又不能和产品一起提交的软件。如果驱动模块和桩模块很简单，那么额外开销相对来讲是很低的。不幸的是，许多模块使用"简单"的额外软件不能进行足够的单元测试。在这些情况下，完整的测试要推迟到集成测试阶段时完成。

6.4.3　跟踪调试

跟踪调试不但是深入测试代码的最佳方法，而且是程序调试发现错误根源的有利工具。测试用例设计完成后，最好能借助代码排错工具来跟踪调试待测代码段以深入检查代码的逻辑错误。现有的代码开发工具（如 JBuilder）一般都集成了这类排错工具。排错工具由执行控制程序、执行状态查询程序、跟踪程序组成。执行控制程序包括断点定义、断点撤销、单步执行、断点执行、条件执行等功能。执行状态查询程序包括寄存器、堆栈状态、变量、代码等与程序相关的各种状态信息的查询。跟踪程序用以跟踪程序执行过程中所经历的事件序列（如分支、子程序调用等）。程序员可通过对程序执行过程中各种状态的判别进行程序错误的识别、定位及改正。

对于模块的单元跟踪调试最好能够做到：每次修改被测模块后，都将所有测试用例跟踪执行一遍以排除所有可能出现或引进的错误。在时间有限的情况下也必须调用驱动模块对所有的测试用例执行一次，并对出现错误或异常的测试用例跟踪执行一次，以发现问题的根源。

排错过程往往是一个艰难的过程，特别是算法复杂、调用子模块较多的模块，对错误的定位并非易事。尽管排错不是一门好学的技术（有时人们更愿意称之为艺术），但还是有若干行之有效的方法和策略，下面介绍几种排错时经常采用的方法策略。

（1）断点设置。设置断点对源程序实行断点跟踪能够大大提高排错的效率。通常断点的设置除了根据经验与错误信息来设置外，还应重点考虑以下几种类型的语句。

● 函数调用语句：子函数的调用语句是测试的重点，一方面由于在调用子函数时可能引起接口引用错误，另一方面可能是子函数本身的错误。

● 判定转移/循环语句：判定语句常常会由于边界值与比较优先级等问题引起错误或失效而作出错误的转移。因此，对于判定转移/循环语句也是一个重要的测试点。

● SQL 语句：对于数据库的应用程序而言，SQL 语句常常会在模块中占比较重要的业务逻辑，而且比较复杂。因此，它也属于比较容易出现错误的语句。

● 复杂算法段：出错的概率常与算法的复杂度成正比。所以越复杂的算法越需要做重点跟踪，如递归、回溯等算法。

（2）可疑变量查看。在跟踪执行状态下，当程序停止在某条语句时，可查看变量的当前值和对象的当前属性。通过对比这些变量当前值与预期值可以轻松地定位程序问题根源。

（3）SQL 语句执行检查。在跟踪执行或运行状态下，将疑似错误的 SQL 语句打印出来，重新在数据库 SQL 查询分析器（如 Oracle SQL Plus）中跟踪执行可以有效地检查纠正 SQL 语句错误。

（4）注意群集现象。经验表明测试后程序中残存的错误数目与该程序中已发现的错误数目或检错率成正比。根据这个规律，应当对错误群集的程序段进行重点测试，以提高测试投资的效益。如果发现某一代码段似乎比其他程序模块有更多的错误时，则应当花费较多的时间和代价测试这个程序模块。

6.5　单元测试过程管理

一般认为单元测试应紧接在编码之后，当源程序编制完成并通过复审和编译检查，便可开始单元测试。测试用例的设计应与复审工作相结合，根据设计信息选取测试数据。单元测试过程的定义需要参照企业的实际情况，通常将单元测试划分为四个阶段：计划、设计、实现、执行、评估，如图6－2所示。

（1）计划阶段：应当考虑整个单元测试过程的时间表、工作量、任务的划分情况、人员和资源的安排情况、需要的测试工具和测试方法、单元测试结束的标准及验收的标准等，同时还应当考虑可能存在的风险以及针对这些风险的具体处理办法，并输出《单元测试计划》文档，作为整个单元测试过程的指导。

（2）设计阶段：需要具体考虑对哪些单元进行测试，被测单元之间的关系以及同其他模块之间单元的关系，具体测试的策略采用哪一种、如何进行单元测试用例的设计、如何进行单元测试代码设计、采用何

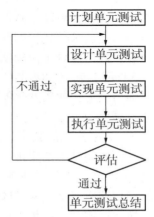

图6－2　单元测试流程

种工具等，并输出《单元测试方案》文档，用来指导具体的单元测试操作。

（3）实现阶段：需要完成单元测试用例设计、脚本的编写，测试驱动模块的编写，测试桩模块的编写工作，输出《单元测试用例》文档、相关测试代码。

（4）执行阶段：该阶段的主要工作是搭建单元测试环境、执行测试脚本、记录测试结果。如果发现错误，开发人员需要负责错误的修改，同时进行回归测试，该阶段结束需要提交《单元测试报告》。

（5）评估阶段：包括测试完备性评估和代码覆盖率评估。进行评估的依据是单元测试用例、缺陷跟踪报告、缺陷检查表等，有时也会借助单元测试检查表对单元测试进行评估，评估的目的是帮助判定单元测试是否足够，对该单元的质量予以评价。

在单元测试时，可以不用测试不属于被测试模块所负责的功能，以减少测试用例的冗余，集成测试时会有机会测试到。所以，单元测试主要是关注本单元的内部逻辑，而不用关注整个业务的逻辑，因为会有别的模块去完成相关的功能。通过评估后，正式填写并提交单元测试报告。

本章小结

单元测试的对象是程序系统中的最小单元——模块或组件，其目标不仅测试代码的功能性，还需要确保代码在结构上可靠、健壮。单元测试是测试执行的开始阶段，而且与程序设计和实现有密切联系，所以单元测试一般由编程人员和测试人员共同完成，单元测试的主要任务有：模块接口测试、模块局部数据结构测试、模块边界条件测试、模块中所有独立执行通路测试、模块的各条错误处理通路测试。

静态测试技术是单元测试中对代码的静态分析，是重要手段之一，如代码走查、审查、评审（review）等。

动态测试技术主要是运用白盒测试方法，辅以黑盒测试方法。白盒测试主要从程序的内部结构出发设计测试用例，检查程序模块或组件已实现的功能与定义的功能是否一致，以及编码中是否存在错误。

一般进行游戏单元测试的是规模小、功能单一、逻辑简单的模块，测试人员可通过模块说明书和源程序，了解该模块的 I/O 条件和模块的逻辑结构。采用白盒测试方法的测试用例，需要尽可能达到彻底测试，对任何合理或不合理的输入都能鉴别和响应。单元测试不但保证局部代码的质量，同时使开发过程自然而然地变得"敏捷"。单元测试对项目或产品的整个生命周期都具有积极的影响：

（1）对需求分析、设计的影响。自动回归测试可以发现代码修改所引入的错误，使开发过程可以适应频繁变化的需求，减轻需求分析和架构设计的压力，轻松实现螺旋式的开发过程。

（2）对后期测试的影响。由于代码错误已很少，大幅减少集成测试和系统测试的成本，自动回归测试也使修正错误的成本大幅降低。

（3）对维护、升级的影响。高质量的产品大量降低维护费用，另一方面，升级相当于需求的增加或变化，自动回归测试也会产生重要的作用。实施或改进单元测试，是低投入、高效益的技术进步，将极大地提升软件企业和软件产品的竞争力。

7 集成测试

　　在将游戏所有功能基本独立的模块经过严格的单元测试以后，接下来需要进行集成测试。集成测试是将已经分别通过测试的单元按设计要求组合起来再进行测试，以检查这些单元之间的接口是否存在问题。经过集成测试之后，分散开发的模块被连接起来，消除各模块接口存在的问题，构成相对完整的体系。

　　集成测试最著名的案例是 1999 年美国宇航局火星极地登陆飞船在试图登陆火星表面时突然坠毁失踪。火星登陆过程计划是飞船在火星表面降落时，着陆伞自动打开以减缓飞船的下降速度。当飞船距离火星表面 1800m 时，丢弃着陆伞，点燃登陆推进器，缓缓降落到地面。然而，美国宇航局为了节省开销，简化了关闭着陆推进器的装置，在飞船的支撑脚部安装了一个触点开关，在计算机中设置一个数据位来控制触点，以关闭飞船燃料。显然，飞船没着陆以前，推进器就应该一直处于着火工作状态。不幸的是，在许多情况下，当飞船的支撑脚迅速打开准备着陆时，机械振动也会触发触点开关，导致设置了错误的数据位，关闭了登陆推进器的燃料，使火星加速下降 1800m 后撞向地面，撞成碎片。故障评测委员会事后调查分析了这一故障，认定出现该故障的原因可能是由于某一数据位被更改，并认为该问题在内部测试时应该能够解决。

　　结果是灾难性的，但原因很简单。事实上，飞船发射之前，经过了多个小组的测试，其中一个小组负责测试飞船支撑脚的落地打开过程，另一个小组负责测试此后的着陆过程。其前一个小组没有检测触点开关数据位，这并非其职责；后一个小组总是在测试之前重置计算机，清除数据位。两个小组工作做得都很好，但从未在一起进行过集成/系统测试，接口错误没有被检测出，从而导致了这一灾难性的事故。

7.1　集成测试基本概念

　　集成测试(也叫组装测试、联合测试)是指一个应用系统的各个单元模块的联合测试，检测它们能否在一起共同工作并不会发生冲突。集成的模块可以是代码块、独立的应用、网络上的客户端或服务器端程序等等。与客户服务器和分布式系统有关的网络游戏尤其需要进行集成测试。集成测试是单元测试的逻辑扩展。最简单的形式是：两个已经测试过的单元组合成一个组件，并测试它们之间的接口。从这一层意义上讲，组件是指多个单元的集成聚合。在现实方案中，许多单元组合成组件，而组件又聚合成程序的更大部分。如果程序由多个进程组成，应该对其成对测试，而不是同时测试所有进程。

　　集成测试是在单元测试的基础上，将所有的程序单元按照游戏概要设计规格说明的要求组装成模块、子系统或系统的，检查各部分工作是否达到或实现相应技术指标及要求。在集成测试之前，单元测试应该已经完成，集成测试中所使用的对象应该是已经经过单元测试的软件单元。这一点很重要，如果不经过单元测试，那么集成测试的效果将会受到很大影响，并且会大幅增加软件单元代码纠错的代价。

集成测试依据的主要标准是《游戏概要设计规格说明》，任何不符合该说明的程序模块行为都应该加以记载并上报。所有的软件项目都不能摆脱系统集成阶段。不管采用什么开发模式，具体的开发工作总得从一个一个的程序单元模块做起，单元模块只有经过集成才能形成一个有机的整体。具体的集成过程可能是显性的也可能是隐性的，但只要有集成，总会出现一些常见问题。工程实践中，几乎不存在软件单元组装过程中不出任何问题的情况。从图 7 - 1 可以看出，集成测试需要花费的时间远远超过单元测试，所以直接从单元测试过渡到系统测试是极不妥当的做法。

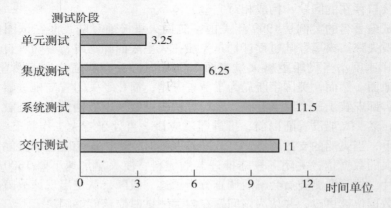

图 7 - 1　一个功能点各测试阶段所花费的时间统计图

集成测试的必要性还在于一些模块虽然能够单独工作，但并不能保证连接起来也能正常工作。程序在某些局部反映不出来的问题，有可能在全局上会暴露出来，影响功能的实现。此外，在某些开发模式中（如迭代式开发，设计和实现是迭代进行的），在这种情况下，集成测试的意义还在于它能间接地验证概要设计是否具有可行性。

集成测试的目的是确保各单元组合在一起后能按既定意图协作运行，并确保增量的行为正确。它所测试的内容包括单元间的接口以及集成后的功能，所以在集成测试阶段主要使用黑盒测试方法测试集成的功能，并且对以前的集成进行回归测试。

集成测试是对整个系统的测试。由于前期测试与开发的并行，集成测试已经基本完成，这时只需要对前期在设计阶段中设计的系统测试案例运行一下即可。集成测试的重心在兼容性测试，由于游戏测试的特殊性，对兼容性的要求特别高，因此通常采用外部与内部同步进行的方式。内部有平台试验室，搭建主流的硬软件测试环境；外部通过一些专业的兼容性测试机构对游戏软件做兼容性分析，让游戏在更多的机器上运行。

7.2 集成测试方法

进行软件集成测试的测试用例包括白盒法、黑盒法等多种设计技术。集成测试的策略也比较多，有基于功能分解的集成、基于调用图的集成、基于路径的集成、分层集成、高频集成、基于进度的集成、基于风险的集成和基于使用的集成。游戏测试中集成策略一般可以分为两种。

1. 非增量方式

先测试好每一个软件单元，然后依次集成在一起再测试整个程序。本方式是一种很直接、原始的集成方式，它把所有通过单元测试的模块全部集成在一起，成为软件系统，并对它进行测试。采用这种方式有可能带来方便的、快捷的集成效果。但这种方法遭到广大测试专家的批评，普遍认为它会引起混乱，且难以确定错误源的位置。

非渐增式集成的优点：可以并行调试所有模块；需要的测试用例数目少。

2. 增量方式

增量方式是把程序划分成小段来构造和测试，逐步把一个要被集成的软件单元或部件，同已测试好的软件部件结合起来测试。这个过程比较容易定位和改正错误，对接口可以进行更彻底的测试，因为它不是独立地测试每个单元，而是首先把下一个要被测试的单元同已经测试过的单元集合组装，然后再测试。在组装的过程中边连接边测试，以发现连接过程中产生的问题，最后通过渐增式方式逐步组装成完整的游戏系统。增量方式主要包括自顶向下、自底向上、自顶向下与自底向上相结合等方式。

在增量方式集成中涉及两个概念：驱动模块和桩模块。驱动模块是模拟待测模块的上级模块，在测试过程中接收数据，把数据传输给被测模块，以启动测试模块。桩模块用于模拟待测模块工作过程中所调用的模块，由被测模块调用。

增量方式的优点是：占用人工少；可以较早发现模块接口错误；容易排错；测试效果好、比较彻底；占用机器时间少；有利于并行开发。

7.2.1 非渐增方式集成测试

非渐增集成方式是一种一次性组装、大爆炸集成方式，也叫整体拼装。按这种集成方式，首先对每个模块分别进行模块测试，然后再把所有通过单元测试的模块集成在一起进行测试，不考虑单元之间的相互依赖及可能存在的风险，最终得到要求的软件系统。例如，有一模块的系统结构，如图 7-2a 所示，其单元测试和集成顺序如图 7-2b 所示。

模块 d_1、d_2、d_3、d_4、d_5 是对各个模块做单元测试时建立的驱动模块，s_1、s_2、s_3、s_4、s_5 是为单元测试而建立的桩模块。这种一次性集成方式将所测模块连接起来进行测试，但是一次试运行成功的可能性并不大。其结果发现有错误，但找不到原因，差错和改错都会遇到困难。

非渐增式集成的缺点有：

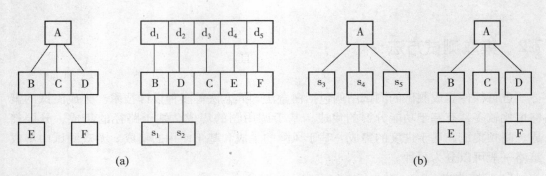

图7-2 非渐增式集成测试

- 不能对各个模块之间的接口进行充分测试；
- 不能很好地对全局数据结构进行测试；
- 如果一次集成的模块数量太多，集成测试后可能会出现大量的错误，而且也不容易对错误进行定位。修改好一处错误，还可能新增更多的新错误，会遗漏很多错误。

因此，非渐增式集成测试的适用范围如下：

- 只需要修改或增加少数几个模块的稳定的前期产品游戏。
- 功能少，模块数量不多，程序逻辑简单，并且每个组件都已经通过充分的单元测试的小项目。
- 基于严格的净室软件工程开发的产品，并且在每个开发阶段，产品质量或单元测试质量都相当高的产品。

7.2.2 自顶向下集成测试

自顶向下集成测试是按照程序和控制结构，从主控模块（主程序）开始，沿着软件的控制层次向下移动，逐渐把各个模块结合起来。组装过程可以采用深度优先策略和广度优先策略，如图7-3所示。

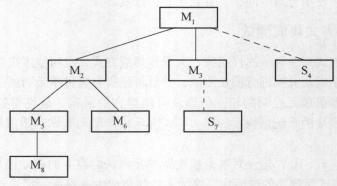

深度优先：$M_1 \rightarrow M_2 \rightarrow M_5 \rightarrow M_8 \rightarrow M_6 \rightarrow M_3 \rightarrow S_7 \rightarrow S_4$
广度优先：$M_1 \rightarrow M_2 \rightarrow M_3 \rightarrow S_4 \rightarrow M_5 \rightarrow M_6 \rightarrow S_7 \rightarrow M_8$

图7-3 同一系统按深度优先和广度优先的集成差异

这种集成方式是将模块按系统的程序结构，沿控制层次自顶向下进行集成写桩模块。步骤如下：

（1）以主模块为所测模块兼驱动模块，所有直属于主模块的下属模块全部用桩模块对主模块进行测试。

（2）采用深度优先或广度优先的策略，用实际模块替换相应桩模块，再用桩模块代替它们的直接下属模块，与已测试的模块或子系统集成为新的子系统。如图7-4所示，各模块集成的顺序为：A—B—E—C—D—F。

（3）再结合下一个模块进行同时测试。

（4）进行回归测试（即重新执行以前做过的全部测试或部分测试），排除集成过程中引起错误的可能。

（5）判断所有的模块都已集成到系统中，若是则结束测试，否则转到（2）去执行。

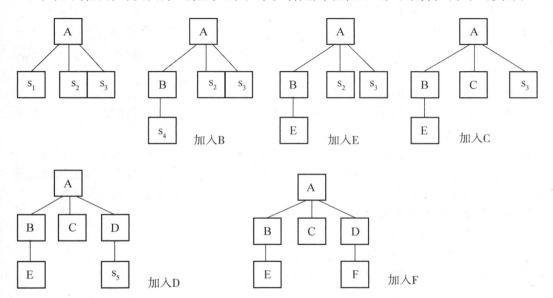

图7-4 深度优先自顶向下渐增式集成测试

如果是按广度优先集成方式，顺序为A—B—C—D—E—F，如图7-5所示，步骤如下：

首先，对顶层的模块A进行单元测试，这时需配以被调用子模块s_1、s_2、s_3，以模拟被它调用的模块B、C和D。

然后，把模块B、C和D与顶层模块A连接起来，再对模块B和D配以被调用模拟子模块s_4和s_5以模拟对模块E和F的调用。

最后，去掉被调用模拟子模块s_4和s_5，把模块E和F集成后再对软件完整的结构进行测试。

自顶向下集成测试的优点：

- 不需要编写驱动程序（只有在个别情况下才需要），减少了测试驱动程序开发和维

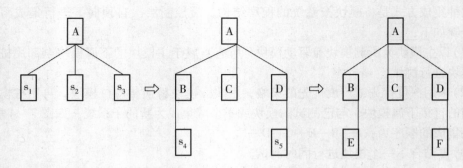

图7-5 广度优先自顶向下渐增式集成测试

护的费用。
- 测试过程中,能够在测试阶段的早期实现并验证系统的主要功能可行性和判断点。
- 能在早期发现上层模块中的接口错误,为其后的分支组装和测试提供保证。
- 选择深度优先组合方式,可以首先实现和验证一个完整的功能模块,容易进行故障隔离和错误定位。

自顶向下集成测试的缺点:
- 测试时需要为每个模块的下层模块提供桩程序,要使桩模块能够模拟实际子模块的功能十分困难。
- 底层组件的需求变更可能会影响到全局组件,需要修改整个系统的多个上层模块。
- 同时涉及复杂算法,真正输入/输出的模块一般在底层,它们是最容易出问题的模块,到测试和集成的后期才遇到这些模块,一旦发现问题会导致过多的回归测试。

自顶向下集成的适用范围如下:
- 控制结构比较清晰和稳定的应用程序;
- 系统高层的模块接口变化较少;
- 产品的低层模块接口还未定义或可能会经常因需求变更等原因被修改;
- 测试优先的极限编程(extreme programming)。

7.2.3 自底向上集成测试

自底向上集成测试从原子模块(软件结构最底层的模块)开始集成以进行测试。这种集成的方式是从程序模块结构的最底层的模块开始集成和测试。因为模块是自底向上进行集成,对于一个给定的模块,它的子模块(包括子模块的所有下属模块)已经集成并测试完成,所以不再需要桩模块。如图7-6所示,自底向上测试的步骤如下:

(1)由驱动模块控制最底层模块的并行测试,也可以把最底层模块组合成实现某一特定软件功能的簇,由驱动模块控制它进行测试。

(2)用实际模块代替驱动模块,与它已测试的直属子模块集成为子系统。

(3)为子系统配备驱动模块,进行新的测试。

(4)判断是否已集成到达主模块,是否结束测试,否则执行(2)。

图7-6a、b、c表示树状结构图中处于最下层的叶节点模块E、C和F,由于它们

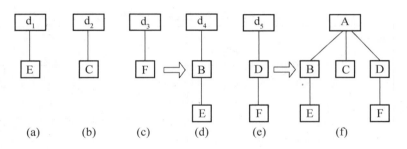

图 7-6　自底向上集成方式

不再调用其他模块，对它们进行单元测试时，只需配以驱动模块 d_1、d_2 和 d_3，用来模拟 B、A 和 D 对它们的调用。完成这 3 个单元测试后，再按图 7-6d 和图 7-6e 的形式，分别将模块 B 和 E 及模块 D 和 F 连接起来，再配以驱动模块 d_4 和 d_5 实施部分集成测试。最后按图 7-6f 的形式完成整体的集成测试。

　　自底向上集成测试的优点：

● 不需要桩程序，减少了桩模块的工作量。

● 同时由于涉及复杂算法和真正输入/输出的模块最先得到集成和测试，可以把最容易出问题的部分在早期解决。

● 自底向上测试的方式可以实施多个模块的并行测试，提高测试效率。

● 可以尽早验证底层模块的行为，对实际被测模块的可测性要求不高。

　　自底向上集成测试的缺点：

　　程序一直未能作为一个实体存在，直到最后一个模块加上去后才形成一个实体。换言之，在自底向上集成和测试的过程中，对主要的控制直到最后才接触到。

7.3　集成测试过程

　　按照集成测试不同阶段的任务，可以将集成测试的整个过程分为 5 个阶段：制订集成测试计划、设计集成测试、实施集成测试、执行集成测试和评估集成测试，如图 7-7 所示。各阶段的内容如表 7-1 所示。

　　主要参与角色：

● 项目经理(开发负责人)：负责审批测试计划，评审测试用例。

● 测试人员：负责完成测试用例设计、集成测试环境搭建、执行集成测试、记录测试、撰写测试报告。

● 开发人员：将欲测试的内容集成到测试环境，负责及时修复测试出的问题。

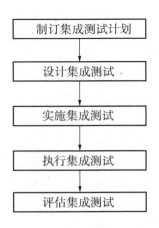

图 7-7　集成测试过程

游戏测试

表 7 - 1   集成测试各阶段任务

集成测试过程	工作任务
制订集成测试计划	(1)确定被测对象和范围； (2)评估集成测试被测试对象的数量及难度； (3)确定角色分工和工作任务分配； (4)明确测试各个阶段的时间、任务和约束条件，定义测试完成的标准； (5)考虑风险分析及应急措施； (6)准备集成测试需要的测试工具和环境资源
设计集成测试	(1)被测对象结构分析； (2)集成测试模块、接口分析； (3)集成测试策略、工具、环境分析； (4)集成测试工作量估计和安排
实施集成测试	(1)测试设计员负责编制测试脚本(可选)； (2)集成测试用例设计； (3)搭建独立的测试环境(该环境可执行代码)，开发人员负责将已通过的单元测试的程序单元提交集成到测试环境中； (4)集成测试代码、脚本开发
执行集成测试	(1)测试员负责执行测试用例； (2)记录每个测试用例执行的结果； (3)填写集成测试报告，提交评审
评估集成测试	(1)测试设计员负责同编码员、设计员等有关人员评估此次测试，确定是否通过集成测试； (2)生成测试评估摘要，对测试结果进行整理和分析； (3)形成测试报告，记录实际的测试结果、测试中发现的问题、解决问题的方法以及问题解决后再次测试的结果

本章小结

本章首先从系统集成不同模式的比较以及自底向上、自顶向下、混合各自优缺点的对比来说明集成测试的必要性。在系统测试前，为了确保每一个模块功能的实现，要进行功能测试，从不同角度实施相应的测试策略来确保游戏软件的质量。通过本章的学习，应该理解集成测试在整个测试过程中的重要性，游戏软件中可能有一些关键的模块，它们的存在会影响其他模块的运行。集成测试比单元测试更复杂些，也更容易出问题，因为单元测试中的模块虽然个个能用，但不能保证经过多次的集成后不会出现错误。所以，在集成测试中比较重要的就是模块之间的接口，所以对接口数据进行大量测试是非常有必要的。

8 系统测试

　　系统测试是指将游戏放到运行环境中，将游戏与硬件、外部设备、数据库等元素结合起来，对游戏具体运行情况进行的综合性测试。系统测试时，需要进行测试的需求分析，清楚系统总体设计以及详细设计等内容。总体来说包括以下 16 个方面：功能测试、性能测试、压力测试、容量测试、安全性测试、GUI（图形用户界面）测试、可用性测试、安装测试、配置测试、异常测试、备份测试、健壮性测试、文档测试、在线帮助测试、网络测试和稳定性测试。一般情况下，系统测试多数为外包测试，先进行功能测试，其次进行性能测试，之后再做容错性测试、兼容性测试和系统安全测试等。

8.1　性能测试

　　游戏的性能和功能的设计都来自于用户的需求。功能指的是在一般条件下游戏软件系统能够为用户做什么，能够满足用户什么样的需求。以一个游戏中的"聊天"系统为例，用户期望通过这个系统实现收发聊天信息、保存草稿、设置偏好等功能，只有这些功能实现了，用户才认为这是其想要的软件。但是随着技术的日益提高，系统能不能工作已经是一个最起码的门槛，能够"又好又快"才会得到用户的青睐，而性能则是衡量软件系统"好快"的一个重要因素。"好"就是要为用户节约成本，用最小的硬件成本运行游戏系统；"快"就是游戏响应时间要短。简单地说，性能就是在空间和时间资源有限的条件下，游戏软件系统能不能正常工作。如果把上面提到的游戏中"聊天"的功能和性能需求量化，撰写成用户需求说明书，可能如下：

　　● 功能——聊天系统能够支持收发以 30 种语言的文字信息，并支持语音功能。

　　● 性能——聊天系统能够在 2GB RAM/1GHz CPU 的服务器上，支持 10 000 注册用户，日均处理 10 000 000 条信息，响应时间不超过 5 秒/条。

　　对比功能需求说明和性能需求说明，发现两者有一些不同之处：

　　（1）功能需求中名词和动词多，描述软件主体和动作行为，比如"文字信息""语音"等；

　　（2）性能需求中涉及容量和时间的词汇多，如"2GB RAM 服务器""10 000 注册用户""5 秒/条"等。

　　相信读者已经从上面的对比中看出游戏性能和功能区别的实质是，游戏功能的焦点在于游戏软件"做什么"，关注软件物质"主体"发生的"事件"；而游戏软件性能则关注游戏软件"做得如何"，这是综合"空间"和"时间"考虑的方案（资源和速度），表现为软件对"空间"和"时间"的敏感度。认识到性能的这个基本特征，对于性能测试人员非常重要。但要注意到，游戏软件的性能实现也是建立在功能实现的基础之上的。

性能测试是指通过特定方式，对被测系统按照一定策略施加压力，检验游戏是否达到需求说明书中规定的获取系统响应时间、TPS（transaction per second）、吞吐量、资源利用率等性能指标，以期保证生产系统的性能能够满足用户需求的过程。通常从 3 个方面来描述性能：

（1）命名用户数，是指在应用系统中注册的所有系统用户。该用户数取决于系统应用范围和业务范围，可以通过统计应用系统数据库中用户登记表取得。

（2）在线用户数，是指同时登录应用系统的用户数量。该数据可通过检查系统应用与数据库连接取得，对于已投产系统，该数量一般通过系统跟踪监控获取，新投产系统通过经验值估算。

（3）并发用户数（the number of concurrent users, concurrency level），并发用户数是指系统运行期间同一时刻进行业务操作的用户数量，该数量取决于用户操作习惯、业务操作间隔和单笔交易的响应时间。使用频率较低的应用系统并发用户数一般为在线用户数的 5% 左右，使用频率较高的应用系统并发用户数一般为在线用户数的 10% 左右。要注意区分这个概念和并发连接数之间的区别，一个用户可能同时会产生多个会话，也即连接数。在 HTTP/1.1 下，IE 7 支持两个并发连接，IE 8 支持 6 个并发连接，FireFox 3 支持 4 个并发连接，相应地，并发用户数就得除以这个基数。

（4）响应时间，指从应用系统发出请求开始，到客户端接收到最后一个字节数据所消耗的时间。一个合理的响应时间取决于实际的用户需求。响应时间就是用户感受软件系统为其服务所耗费的时间，对于网站系统而言，响应时间就是从点击一个页面计时开始，到这个页面完全在浏览器里展现计时结束的这一段时间间隔。在这段响应时间内，软件系统在后台经过了一系列的处理工作，贯穿了整个系统节点。根据"管辖区域"不同，响应时间可以细分为：

①服务器端响应时间。这个时间指的是服务器完成交易请求执行的时间，不包括客户端到服务器端的反应（请求和耗费在网络上的通信时间），这个服务器端响应时间可以度量服务器的处理能力。

②网络响应时间。这是网络硬件传输交易请求和交易结果所耗费的时间。

③客户端响应时间。这是客户端在构建请求和展现交易结果时所耗费的时间，对于普通的"瘦"客户端 Web 应用而言，这个时间很短，通常可以忽略不计；但是对于"胖"客户端 Web 应用而言，比如 Java applet、AJAX，由于客户端内嵌了大量的逻辑处理，耗费的时间有可能很长，从而成为系统的瓶颈，这点值得注意。客户感受的响应时间其实为客户端响应时间 + 服务器端响应时间 + 网络响应时间。细分的目的是为了方便定位性能瓶颈出现在哪个节点上。

（5）吞吐量：吞吐量是常见的一个软件性能指标，对于软件系统来说，"吞"进去的是请求，"吐"出来的是结果，而吞吐量反映的就是软件系统的"饭量"，也就是系统的处理能力。具体而言，就是指软件系统在每单位时间内能处理的事务/请求/单位数据等。但它的定义比较灵活，在不同的场景下有不同的诠释，比如数据库的吞吐量指的是单位时间内，不同 SQL 语句的执行数量；而网络的吞吐量指的是单位时间内在网络上传输的数据流量。吞吐量的大小由负载（如用户的数量）或行为方式来决定。例如，下载文件比浏览网页需要更大的网络吞吐量。因此，吞吐量指单位时间内系统处理的客户请求数量，直接体现游戏系统的性能承载能力。一般都表示成 n 个请求/秒、n 个页面/秒、n 个处理业务/小时。如果随着玩家数量的增加，吞吐量出现急剧下降，那么可以根据数量来判断系统瓶颈所在。

（6）性能计数器：性能计数器是描述服务器或操作系统性能的一些数据指标，比如 Windows 系统的"任务管理器"中提供的"性能"数据，如图 8-1 所示。

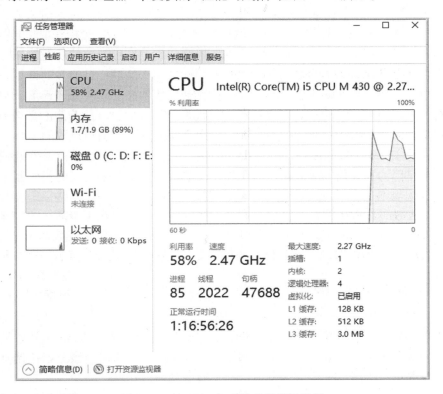

图 8-1　Windows10 系统的性能计数器

8.2　压力测试

压力测试（stress testing）是指模拟巨大的工作负荷，以检验系统在峰值使用情况下是否正常运行。一般情况下，压力测试是通过逐步增加系统负荷来测试系统性能的变化，并最终确定在什么负荷情况下系统性能处于失效状态，以此来获得系统所能提供的最大服务级别。压力测试与性能测试不同，通常是通过测试工具模拟游戏系统在受压力下正常运行的能力，用来测试游戏系统的稳定性，保证产品发布后系统满足用户需求。

例如，在对游戏进行测试时，模拟并发用户数为 50～100 以观察系统表现，这是在进行常规的性能测试。当用户增加到系统出现性能瓶颈，模拟上万个用户时，就变成了压力测试。如果压力测试能让系统在高强度（不超过性能统计结果的限制）下保持有效的执行，那么它就经常能够发现许多隐蔽的错误，而这些错误用任何其他技术都是发现不了的（这些错误也经常是最难修复的）。

8.2.1　压力测试的错误分类

对游戏进行压力测试，是希望找到更多的用其他测试方法很难发现的错误。常见的错误类型有以下两类：

（1）内存泄漏（memory leak）：一种极难检测到的现象。内存泄漏经常发生在已发行的产品中，原因很简单，很难设计测试用例来检测它们。使用简单的功能测试，几乎发现不了内存泄漏问题，因为在产品完成之前的测试未对产品进行足够多的使用。内存泄漏通常要求操作要重复非常多的次数，以使内存消耗达到能引起注意的程度。只要程序保持着对对象的引用，该对象仍有可能被实例化并且其占用的内存永远不会被释放，特别是游戏开发常用的 C/C++ 编程语言，对于内存的管理需要程序员完成。

（2）并发与同步（concurrency and synchronization）：压力测试在查找并发性问题上非常出众，这是因为在任何一个测试生命周期中，它都应用了许多不同的代码路径和定时条件。一般的规则是，压力测试运行的时间越长，涉及并应用的代码路径组合和定时条件就越多。死锁、线程泄漏以及任何一般的同步问题通常只能在压力测试阶段被检测出来，很难通过执行单元测试来发现。开发人员不会一直考虑某个代码模块将与其他地方的模块（在执行单元测试时这些代码可能还没写出来）进行交互。

8.2.2　设计压力应用

设计试图对 Web 服务进行压力测试的压力测试系统时，要让它们以某种特定的方式运行代码。这些风格超越了功能验证，目的是要弄清楚被测试的 Web 服务是不是不仅能做设计者认为它能做的事，而且在被施加了某些高强度压力的情况下仍然继续正常运行。有效的压力测试系统将应用以下四个关键条件：

（1）重复（repetition）测试：最明显的且最容易理解的压力条件就是重复测试。重复测试就是一遍又一遍地执行某个操作或功能，比如重复调用一个 Web 服务。功能验证测试可以用来弄清楚一个操作能否正常执行，而压力测试将确定一个操作能否正常执行，并能否继续在每次执行时都正常。这对于推断一个游戏产品是否适用于某种功能情况至关重要，玩家通常会重复使用产品，因此压力测试应该在客户之前发现代码错误。但简单地扩展功能验证测试来进行多次重复，并不能构成一个有效的压力测试，往往与下面的一些原则结合起来使用时，重复测试才能发现许多隐蔽的代码错误。

（2）并发（concurrency）测试：并发是同时执行多个操作的行为，也就是在同一时间执行多个测试，例如在同一个服务器上同时调用许多 Web 服务。这个原则不一定适用于所有的游戏产品（比如无状态服务），但是多数游戏软件都具有某个并发行为或多线程行为，这一点只能通过执行多个代码示例才能测出来，功能测试或单元测试几乎不会与任何并发设计结合，压力系统必须超越功能测试，要同时遍历多条代码路径。例如，一个 Web 服务压力测试需要一次模拟多个客户机，Web 服务（或者任何多线程代码）通常会访问多个线程实例间的一些共享数据。因额外方面的编程而增加的复杂性通常意味着代码会具有许多因并发引起的错误。由于引入并发性意味着一个线程中的代码有可能被其他线程中的代码中断，因此错误只在一个指令集以特定的顺序（例如以特定的定时条件）执行时才会被发现，把这个原则与重复原则结合在一起，可以应用于许多代码路径和定时条件。

（3）量级（magnitude）增压：对游戏产品进行压力测试还要考虑到每个操作中的负载量。压力测试可以重复执行一个操作，但是操作自身也要尽量给产品增加负担。例如，一个 Web 服务允许客户机输入一条消息，可以通过模拟输入超长消息的客户机来使这个单独的操作进行高强度的使用。换言之，增加了这个操作的量级，这个量级总是特定于应用的，可以通过查找产品的可被用户计量和修改的值来确定它。例如，数据的大小、延迟的长度、资金数量的转移、输入速度以及输入的变化等。单独的高强度操作自身可能发现不了代码错误（或者仅能发现功能上的缺陷），但与其他压力原则结合在一起时，将可以增加发现问题的机会。

（4）随机变化：任何压力系统都或多或少具有一些随机性。如果随机使用前面的压力原则中介绍的无数变化形式，就能够在每次测试运行时应用许多不同的代码路径。重复测试时，在重新启动或重新连接服务之前，可以改变重复操作间的时间间隔、重复的次数，或者改变被重复的 Web 服务的顺序。使用并发测试时，可以改变一起执行的Web 服务、同一时间运行的 Web 服务数目，也可以改变是运行许多不同的服务还是运行许多同样实例的决定。量级或许是最容易更改的，每次重复测试时都可以更改应用程序中出现的变量（例如，发送各种大小的消息或数字输入值）。因为很难一致地重现压力下的错误，所以通常会让系统基于一个固定随机种子。这样，用同一个种子，重现错误的机会就会更大。

8.2.3　压力测试步骤与指标

随着 Web 游戏应用程序使用的越来越广泛，针对其性能测试的要求也越来越多。然而由于 Web 程序混合了大量的技术，如 HTML、Java、Javascript、VBScript 等，同时还依赖很多其他的因素，如 Link、Database、Network 等，使得 Web 应用程序测试变得更加复杂。Web 压力测试是评价一个 Web 应用程序的重要手段，完善的游戏压力测试可以从以下几个方面入手：

（1）充分熟悉待测游戏软件。这是测试前的准备工作，任何一个项目，在开始测试之前，都应该对它有个全面的了解，如这个游戏是干什么的，其功能和性能主要体现在哪几个方面，有什么特点，如何才能体现这些特点等。

（2）制订测试计划。测试计划的制订就是定义一个测试项目的过程，以便能够正确地度量和控制测试。测试计划包括准备采用哪种测试工具，根据现有条件准备搭建的测试模拟环境，测试完成的标准（包括数据库的大小、并发用户的多少等），是否进行对比测试，测试方法与进度安排等。

（3）实施测试。按照测试计划，在各种条件下，运行事先设计的测试脚本，记录Web 服务器及相关客户端的性能参数，如在一定的范围内调整数据库的大小、并发访问的用户数、访问时间等测试条件以获得所需要的数据。

（4）分析测试结果。测试会收集到大量的数据，根据这些数据就可以分析 Web 应用程序的性能。对其性能的描述可以采用线图、条形图和报表等多种直观的形式。

具体而言，评价 Web 应用有以下几个指标：

- Number of hits：测试间隔内虚拟用户点击页面的总次数。
- Requests per second：每秒客户端的请求次数。
- Threads：线程数，即虚拟用户并发量。
- Socket Errors Connect：Socket 错误连接次数。
- Socket Errors Send：Socket 错误发送次数。
- TTFB Avg：从第一个请求发出到测试工具接收到服务器应答数据的第一个字节之间的平均时间。
- TTLB Avg：从第一个请求发出到测试工具接收到服务器应答数据的最后一个字节之间的平均时间。

根据以上数据，可以从以下几个方面分析应用程序性能，生成相应报表：

- Number of hits vs. Users：随着虚拟用户的增加，服务器在每秒内所能处理的总点击数。
- Requests per second vs. Users：随着虚拟用户的增加，服务器在规定时间内所能处理的请求数。
- Errors vs. Time：随着模拟访问时间的延续，出现错误的数量。
- Errors vs. Users：随着虚拟用户的增加，出现错误的数量。
- Performance Distribution vs. Users：针对虚拟用户数的应用性能分布情况，包括服务器的内存、CPU 使用情况等。
- Requests per second：服务器并发处理能力的量化描述，单位是 reqs/s，指的是某个并发用户数下单位时间内处理的请求数，也就是吞吐率。某个并发用户数下单位时间内能处理的最大请求数，称之为最大吞吐率。吞吐率是基于并发用户数的，因此吞吐率和并发用户数相关；不同的并发用户数下，吞吐率一般是不同的。计算公式：总请求数／处理完成这些请求数所花费的时间，即 Request per second = Complete requests / Time taken for tests。
- The number of concurrent connections：指的是某个时刻服务器所接受的请求数目，也即是一个会话。
- Time per request：处理完成所有请求数所花费的时间/（总请求数／并发用户数）。
- Time per request：across all concurrent requests：其计算公式为处理完成所有请求数所花费的时间／总请求数，即 Time taken for / tests Complete requests。可以看出，它是吞吐率的倒数。同时，它也等于用户平均请求等待时间/并发用户数，即 Time per request/Concurrency Level。

8.3　性能测试软件工具介绍

性能测试一般要借助于自动化测试工具，目前有很多性能测试的工具，简单地划分为负载压力测试工具、资源监控工具、故障定位工具和调优工具。常用重量级的工具有 Visual Studio 自带的工具，还有 Loader Runner(LR)，轻量级的工具有 Apache 项目中的 ApacheBench，简称 ab。可以在 ab. zip 里下载。如图 8 - 2 所示为 ab 的参数。本节重点介绍 Loader Runner 工具的使用。

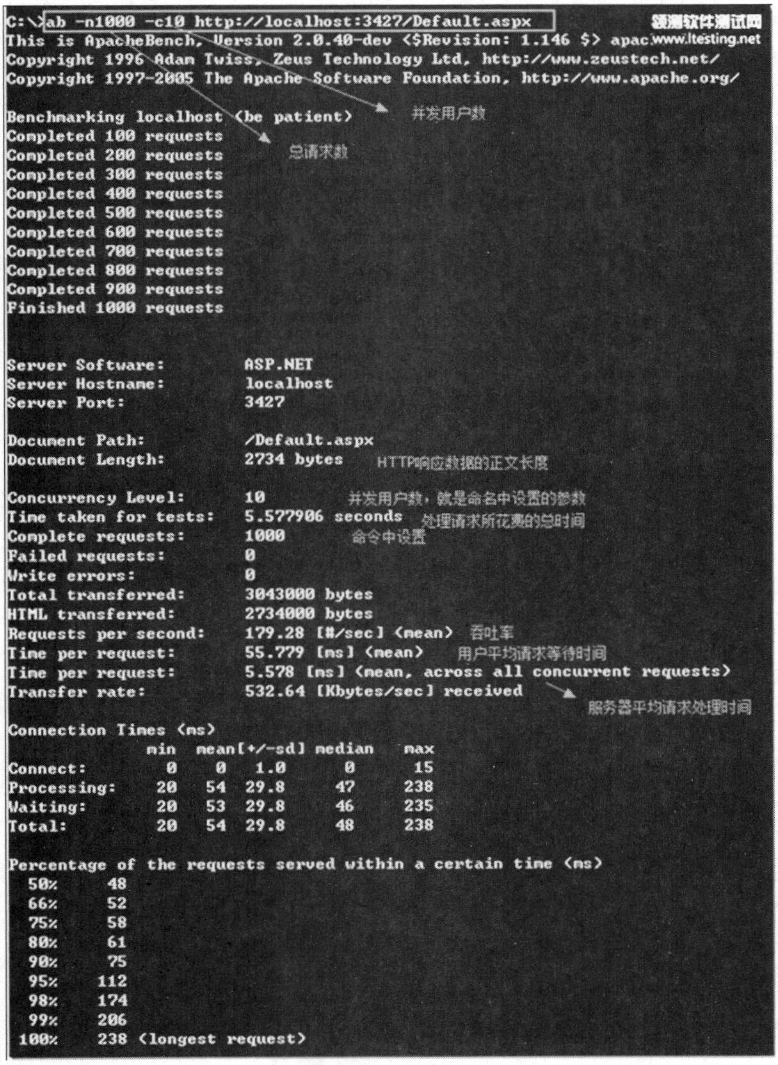

图 8 - 2　ApacheBench 参数介绍

LoadRunner 是一种预测系统行为和性能的工业标准级负载测试工具。通过模拟上千万用户实施并发负载及实时性能监测的方式确认和查找问题，LoadRunner 能够对整个企业架构进行测试。通过使用 LoadRunner，企业能最大限度地缩短测试时间，优化性能和加速应用系统的发布周期。目前企业的网络应用环境都必须支持大量用户，网络体系架构中含各类应用环境且由不同供应商提供软件和硬件产品。难以预知的用户负载和愈来愈复杂的应用环境使公司担心会发生用户响应速度过慢、系统崩溃等问题，这些都不可避免地将导致公司收益的损失。Mercury Interactive 的 LoadRunner 能让企业无须购置额外硬件而最大限度地利用现有的 IT 资源，并确保终端用户在应用系统的各个环节中对其测试应用的质量、可靠性和可扩展性都有良好的评价。LoadRunner 是一种适用于各种体系架构的自动负载测试工具，它能预测系统行为并优化系统性能。LoadRunner 的测试对象是整个企业的系统，它通过模拟实际用户的操作行为和实行实时性能监测，来帮助用户更快地查找和发现问题。此外，LoadRunner 能支持广泛的协议和技术，为特殊环境提供特殊的解决方案。使用 LoadRunner 完成测试一般分为四个步骤：

（1）Vitrual User Generator(VuGen)：创建脚本，选择协议；录制脚本；编辑脚本；检查修改脚本是否有误。

（2）使用中央控制器(controller)来调度虚拟用户：创建 Scenario，选择脚本；设置机器虚拟用户数；设置 Schedule；如果模拟多机测试，设置 Ip Spoofer。

（3）运行脚本：分析 Scenario。

（4）分析测试结果。

8.3.1　安装 LoadRunner 中文版

LoadRunner 分为 Windows 版本和 Unix 版本。如果所有测试环境基于 Windows 平台，那么只要安装 Windows 版本即可。本节讲解的安装过程就是 LoadRunner 11 中文的 Windows 版本的安装。

（1）运行"setup. exe"，如图 8 - 3 所示。

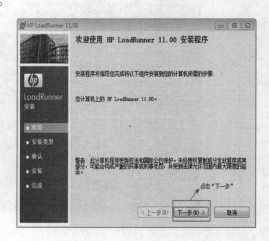

图 8 - 3　安装界面

点击"安装"，其中会有提示缺少"Microsoft Visual C++ 2005 SP1 运行组件"，下载这个组件。这里安装"vcredist_ x86. exe"。安装完成后再一次运行"setup. exe"时，安装程序会自动检查所需组件是否都已安装，确定都安装后弹出如图 8-4 所示页面。

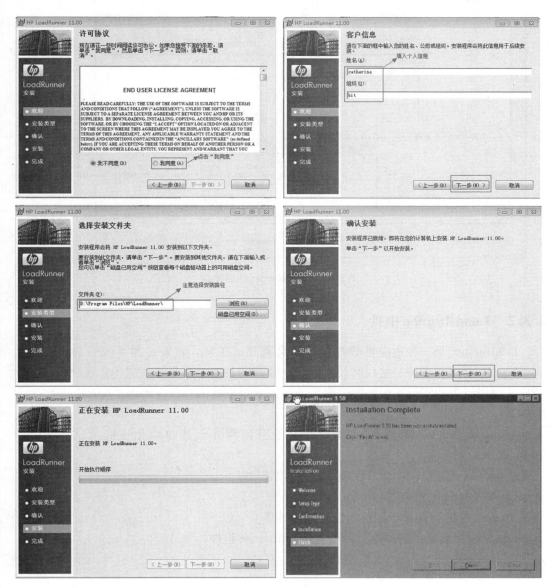

图 8-4　安装向导

安装完成后，系统会自动打开 LoadRunner，出现"LoadRunner License Information"窗口，如图 8-5 所示，会提示"license"只有十天的使用期。

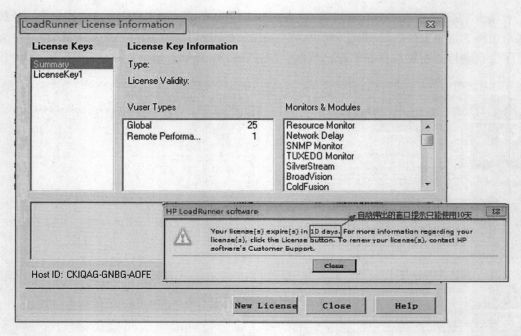

图 8 - 5　LoadRunner 注册界面

8.3.2　LoadRunner 组件

LoadRunner 是一种适应性较高的自动负载测试工具,它能预测系统行为,优化性能。LoadRunner 能支持的协议和技术广泛,强调的是整个企业的系统,它通过模拟实际用户的操作行为和实行实时性能监测帮助用户更快地确认和查找问题。LoadRunner 常用组件有:

● Virtual User Generator:录制最终用户业务流程并创建自动化性能测试脚本,即 Vuser 脚本。

● Controller:组织、驱动、管理并监控负载测试。

● Load Generator:通过运行 Vuser 产生负载。

● Analysis:用于查看、剖析和比较性能结果。

● Launcher:从单个访问点访问所有 LoadRunner 组件。

8.3.3　负载测试流程

负载测试一般包括五个阶段:规划、创建脚本、定义场景、执行场景、分析结果。如图 8 - 6 所示。

图 8 - 6　负载测试流程

①规划负载测试：定义性能测试要求，例如并发用户数量、典型业务流程和要求的响应时间。

②创建 Vuser 脚本：在自动化脚本中录制最终用户活动。

③定义场景：使用 LoadRunner 11 Controller 设置负载测试环境。

④运行场景：使用 LoadRunner 11 Controller 驱动，管理并监控负载测试。

⑤分析结果：使用 LoadRunner 11 Analysis 创建图和报告并评估性能。

相关术语解释：

● 场景：场景文件根据性能要求定义每次测试期间发生的事件。

● Vuser：在场景中，LoadRunner 用虚拟用户（Vuser）代替真实用户。Vuser 模仿真用户的操作来使用应用系统。一个场景可以包含数十、数百乃至数千个 Vuser。

● 脚本：Vuser 脚本描述 Vuser 在场景中执行的操作。

● 事务：要评测服务器性能，需要定义事务。事务代表要评测的终端用户业务流程。

8.3.4 HP Web Tours 测试示例

（1）启动 LoadRunner。

选择"开始"→"程序"→Mercury LoadRunner→LoadRunner，即可打开 LoadRunner 主窗口，如图 8 - 7 所示。

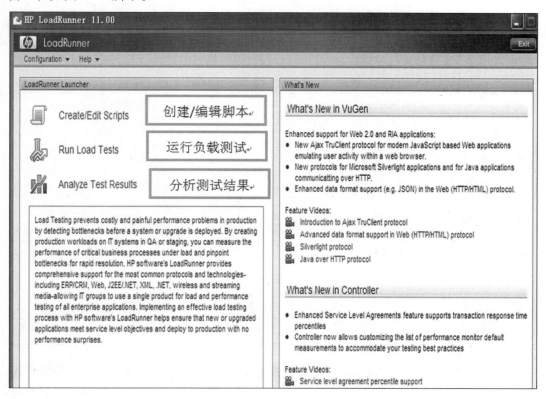

图 8 - 7 LoadRunner 主窗口

（2）新建测试脚本，选择通信协议。

单击主窗口中的创建/编辑脚本，即可打开 VuGen 欢迎窗口，如图 8 - 8 所示，在这里选择系统通信协议。在窗口左侧的面板中可以选择新建单协议脚本、新建多协议脚本、新建最近使用的协议脚本、打开脚本等。针对不同的应用类型选择相应的协议进行测试，如表 8 - 1 所示。

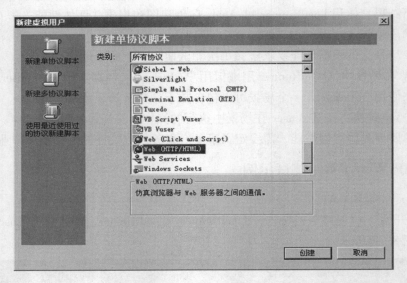

图 8 - 8　VuGen 欢迎窗口

表 8 - 1　系统通信协议选择列表

应用类型	建议选择协议
Web 网站	Web(HTTP/HTML)
FTP 服务器	FTP
邮件服务器	IMAP、POP3、SMTP
客户端以 ADO、OLEDB 方式连接后台数据库	Microsoft SQL Server、Oracle、Sybase、DB2、Informix
以 ODBC 方式连接后台数据库	ODBC
没有后台数据库	Socket
分布式组件	COM/DCOM、EJB
无线应用	WAP、Palm

HP Web Tours 是 LoadRunner 自带的测试样品，预订机票 Web 程序。协议是客户端用来与系统后端进行通信的语言。HP Web Tours 是一个基于 Web 的应用程序，因此将创建一个 Web Vuser 脚本。请确保"类别"是所有协议。VuGen 将列出适用于单协议脚

本的所有可用协议。向下滚动列表，选择 Web（HTTP/HTML）并单击"创建"，创建一个空白 Web 脚本。

（3）启动 Hp Web Tours 示例：开始→程序→Hp LoadRunner→samples→Web→start web server→Hp Web Tours Application（或者在浏览器中输入：http：//127.0.0.1：1080/WebTours/），进入示例的主页面。

（4）启动 HP LoadRunner 后，启动安装目录中 WebTours 的 run. bat，启动后页面右下角有个绿色图标 （Xitami），点击该图标，弹出如图 8 - 9 所示对话框。

图 8 - 9   Xitami Web Server 界面

8.3.5   创建负载测试

Controller 是中央控制台，用来创建、管理和监控用户的测试。可以使用 Controller 运行模拟实际用户操作的示例脚本，并通过让一定数量的 Vuser 同时执行这些操作，在系统上产生负载。具体操作步骤如下：

1. 打开 Controller

打开 HP LoadRunner 11 主窗口，在 LoadRunner 11 Launcher 窗格中单击 Run Load Tests(运行负载测试)，默认情况下，LoadRunner 11 Controller 打开时将显示如图 8 - 10 所示"新建场景"对话框，单击"取消"。

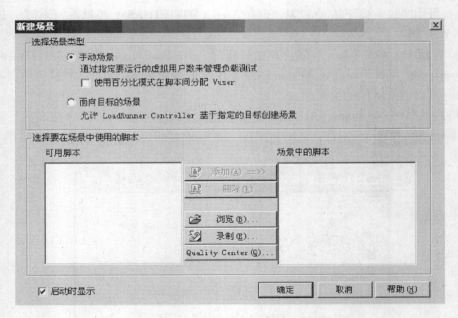

图 8 – 10　LoadRunner 创建场景

2. 打开示例测试

在 Controller 菜单中打开，选择文件→打开，然后打开 LoadRunner 安装位置 \
tutorial \ demo_scenario.lrs，如图 8 – 11 所示。

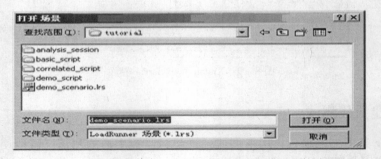

图 8 – 11　打开场景

将打开 LoadRunner Controller 的"设计"选项卡，demo_script 测试将出现在"场景组"窗格中（如图 8 – 12 所示）。可以看到已经分配了 10 个 Vuser 来运行此测试。SLA 用于定义性能测试的目标和度量性能，当运行一个场景时，LR 收集和保存性能相关数据。当分析运行结果时，分析器会将收集到的数据与 SLA 中定义的度量数据进行比较。在 Analysis 中，可以在图表中直观地查看到预期的 SLA 值与实际的值之间的对比。

备注：如果没有将教程安装在默认 LoadRunner 安装目录下，脚本路径会出错（脚本路径将显示为红色）。要输入正确的路径，请选择脚本并单击向下箭头，单击"浏览"按钮并转至＜LoadRunner 安装位置＞\ tutorial \ demo_script，然后单击"确定"。

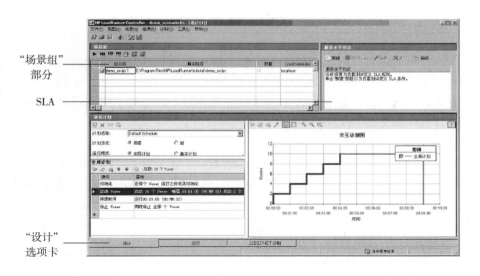

"场景组"
部分

SLA

"设计"
选项卡

图 8 – 12　场景组

8.3.6　运行负载测试

在图 8 – 13 所示运行选项卡中，点击开始场景按钮 ▶，将出现 Controller 运行视图，Controller 开始运行。在场景组窗格中，可以看到 Vuser 逐渐开始运行并在系统中生成负载，可以通过联机图像看到服务器对 Vuser 操作的响应情况。

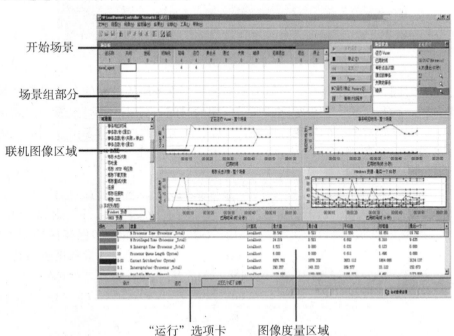

开始场景

场景组部分

联机图像区域

"运行"选项卡　　图像度量区域

图 8 – 13　正在运行的 Vuser 场景

8.3.7 监控负载测试

在应用程序中生成负载时，如果希望实时了解应用程序的性能以及潜在的瓶颈，可使用 LoadRunner 的一套集成监控器来评测负载测试期间系统每一层的性能以及服务器和组件的性能。LoadRunner 包含多种后端系统主要组件(如 Web、应用程序、网络、数据库和 ERP/CRM 服务器)的监控器。

1. 查看默认图像

默认情况下 Controller 显示"正在运行 Vuser"图、"事务响应时间"图、"每秒点击次数"图和"Windows 资源"图，前三个不需要配置。已经配置好 Windows 资源监控器来进行这次测试。

● 正在运行 Vuser：如图 8 – 14 所示，通过此图可以监控在给定的时间内运行的 Vuser 数目，可以看到 Vuser 以每分钟 2 个单位逐渐增加开始运行。

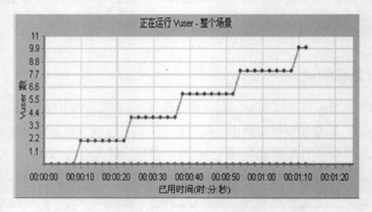

图 8 – 14 正在运行的 Vuser 图

● 事务响应时间：通过图 8 – 15 可以监控完成每个事务所用的时间，可以看到客户登录、搜索航班、购买机票、查看线路和注销所用的时间。另外，还可以看到，随着越来越多的 Vuser 登录到被测试的应用程序进行工作，事务响应时间逐渐延长，提供给客户的服务水平也越来越低。

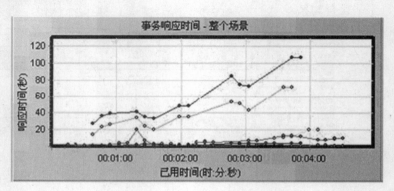

图 8 – 15 事务响应时间图

● 每秒点击次数：通过图 8-16 可以监控场景运行期间 Vuser 每秒向 Web 服务器提交的点击次数(HTTP 请求数)。这样就可以了解服务器中生成的负载量。

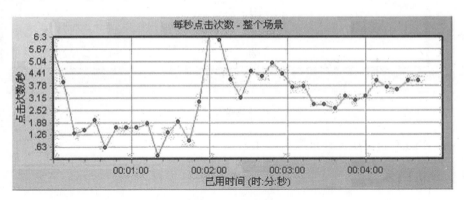

图 8-16　每秒点击次数图

● Windows 资源：通过图 8-17 可以监控场景运行期间评测的 Windows 资源使用情况(例如，CPU、磁盘或内存的利用率)。

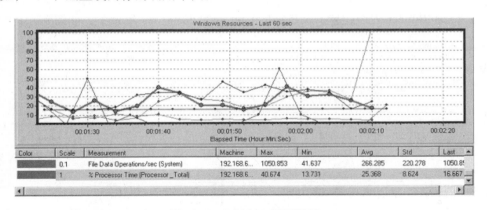

图 8-17　Windows 资源数据

提示：每个测量值都显示在窗口底部的图例部分以不同颜色标记的行中。每行对应图中与之颜色相同的一条线。选中一行时，图中的相应线条将突出显示，反之亦然。

8.3.8　查看错误信息

如果计算机负载很重，可能会发生错误。在"可用图树"中选择错误统计信息图，并将其拖到 Windows 资源图窗格中，如图 8-18 所示的"错误统计信息"图提供了场景运行期间所发生错误的详细数目和发生时间。错误按照来源分组(例如，在脚本中的位置或负载生成器的名称)。

在图 8-18 中，可以看到 5 分钟后，系统开始不断发生错误。这些错误是由于响应时间延长，导致发生超时而引起的。场景要运行几分钟，在场景运行过程中，可以在图

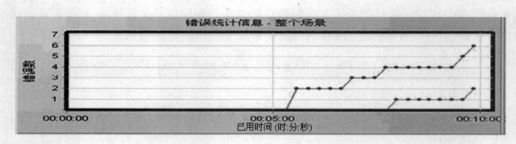

图 8 – 18　错误统计信息图

像和 Vuser 之间来回切换，显示联机结果。

8.3.9　分析结果

测试运行结束后，LoadRunner 会提供由详细图和报告构成的深入分析结果。可以将多个场景的结果组合在一起比较。另外也可以使用自动关联工具，将所有包含可能对响应时间有影响的数据的图合并起来，准确地指出问题的原因。使用这些图和报告，可以轻松地找出应用程序的性能瓶颈，同时确定系统需要改进的项目以提高其性能。

打开 Analysis 查看场景，可选择"结果→分析结果"或单击"分析结果"按钮。结果保存在 <LoadRunner 安装位置> \ Results \ tutorial_demo_res 目录下，如图 8 – 19 所示。

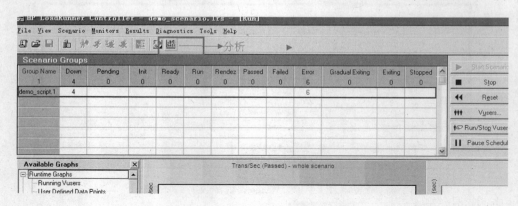

图 8 – 19　LoadRunner 结果分析

8.4　LoadRunner 创建脚本

在测试环境中，LoadRunner 在物理计算机上使用 Vuser 代替实际用户，Vuser 以一种可重复的方式预测模拟典型的用户操作，对系统施加负载。LoadRunner 以"录制—回放"的方式工作。在应用程序中执行业务流程步骤时，VuGen 会将操作录制到自动化脚本中，并将其作为负载测试的基础。

8.4.1 如何开始录制用户操作

要开始录制用户操作，须打开 VuGen 并创建一个空白脚本。然后通过录制操作和手动添加增强功能填充这个空白脚本。

1. 打开 VuGen

在 LoadRunner Launcher 主窗格中，单击 Create/EditScript（创建/编辑脚本），这时将打开 VuGen 起始页。

2. 创建一个空白 Web 脚本

在欢迎使用 VuGen 区域中，单击 New Script→新建脚本按钮，将打开"新建虚拟用户"对话框，显示"新建单协议脚本"选项。注意：在多协议脚本中，高级用户可以在一个录制会话期间录制多个协议。在本例中，将创建一个 Web 类型的协议脚本。录制其他类型的单协议或多协议脚本的过程与录制 Web 脚本的过程类似。

3. 使用 VuGen 向导模式

空白脚本以 VuGen 的向导模式打开，同时左侧显示任务窗格。如果没有显示任务窗格，须单击工具栏上的"任务"按钮。如果"开始录制"对话框自动打开，请单击"取消"。VuGen 的向导将指导用户逐步完成创建脚本并使其适应测试环境。任务窗格列出脚本创建过程中的各个步骤或任务。在执行各个步骤的过程中，VuGen 将在窗口的主要区域显示详细说明和指示信息，如图 8 – 20 所示。

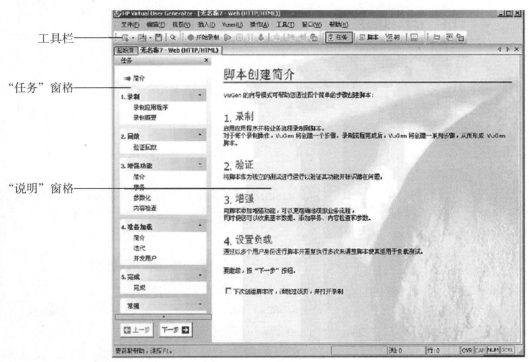

图 8 – 20 脚本创建

可以自定义 VuGen 窗口来显示或隐藏各个工具栏。要显示或隐藏工具栏，只须选择视图→工具栏并选中/不选中目标工具栏旁边的复选标记即可。通过打开"任务"窗格并单击其中一个任务步骤，可以随时返回到 VuGen 向导。

8.4.2 如何录制业务流程创建脚本

创建用户模拟场景的下一步就是录制实际用户所执行的操作。在上一节已经创建了一个空的 Web 脚本，现在可将用户操作直接录制到脚本中。这一节将跟踪一个完整的事件，一名乘客预订从丹佛到洛杉矶的航班，然后查看航班路线。执行下列操作，录制脚本：

（1）在 HP Web Tours 网站上开始录制。单击"任务"窗格中的录制应用程序。在说明窗格底部，单击"开始录制"。或选择 Vuser→开始录制，或单击页面顶部工具栏中的开始录制按钮，如图 8-21 所示。

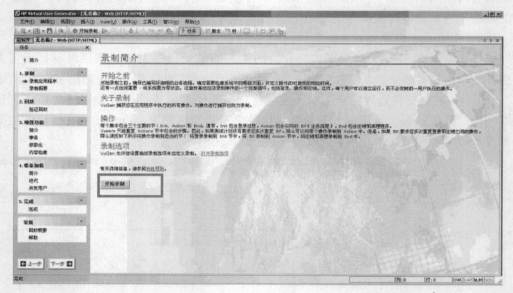

图 8-21　录制脚本

（2）此时"开始录制"对话框打开，在"URL 地址"框中，输入 http：// localhost：1080/WebTours。在"录制到操作"框中，选择 Action 单击"确定"，如图 8-22 所示。这时将打开一个新的 Web 浏览窗口并显示 HP Web Tours 网站，如图 8-23所示。

图 8-22 中的项目说明：

● 要录制的程序：浏览器的

图 8-22　录制程序配置

安装目录。

- URL 地址：就是要测试的应用程序的链接。
- 工作目录：指向 LoadRunner 的安装目录的 Bin 目录下，一般不用更改。

备注：当浏览器是 IE 时，工作目录是 LoadRunner 的安装目录，但改为其他浏览器的安装目录时，工作目录会改为该浏览器的安装目录，正确的只能是 LoadRunner 的安装目录。

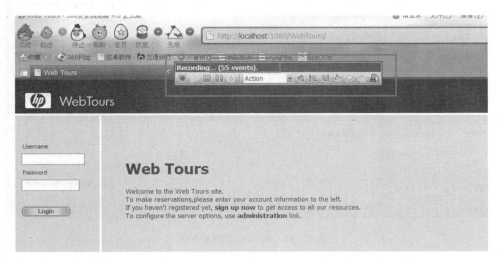

图 8 - 23 登陆 HP Web Tours 网站

注意：如果打开网站时出错，请确保 Web 服务器正在运行。要启动服务器，请选择启动→程序→LoadRunner→Samples→Web→启动 Web 服务器。安装 LoadRunner 后，录制脚本时打不开 IE 或者报错，原因有两个，一是可能安装了多个浏览器，解决方法打开 IE 选项→高级→去掉"启用第三方浏览器扩展（需要重启动）"的勾选，重启生效。二是录制脚本时出现 IE 运行错误，一般是操作系统的环境不适合或者浏览器的版本有出入，解决办法是清除 IE 浏览器的缓存。LoadRunner11 录制的脚本一般都存放在 LoadRunner 安装位置的 scripts 目录下。

（3）登录到 HP Web Tours 网站，输入用户名 jojo，密码 bean，单击 Flights 航班，输入出发城市和日期、到达城市和日期及首选座位，然后单击 Continue（继续）。

（4）选择航班，输入支付信息并预订机票，在 Credit Card（信用卡）框中输入 12345678，并在 Exp Date（到期日）框中输入 06/10，单击 Continue。这时将打开 Invoice（发票）页面，显示订单的发票，查看航班路线。

（5）查看完航班以后，在左窗格中单击 Sign Off（注销）退出航班订票系统。

（6）在浮动菜单栏上，单击停止按钮，停止录制。

Vuser 脚本生成时会打开"代码生成"窗口。然后 VuGen 向导会自动执行任务窗格中的下一步，并显示关于录制情况的概要信息。如果看不到概要信息，须单击"任务"窗格中的录制概要，如图 8 - 24 所示。

图 8-24　脚本录制概要信息

　　录制概要包含协议信息以及会话期间创建的一系列操作，VuGen 为录制期间每一个步骤生成快照即录制期间各窗口的图片。这些图片以缩略图的形式显示在右窗格中，如果由于某种原因，要重新录制脚本，可点击页面底部的重新录制按钮。

　　(7)选择文件→保存或者单击保存按钮，导航到＜LoadRunner 安装目录＞\ Scripts 并创建文件夹为 Tutorial 的新文件夹，在文件名框中输入"Basic_Tutorial"并单击"保存"。VuGen 将脚本保存到 LoadRunner 安装目录的脚本文件夹中，并在标题栏中显示脚本名称。

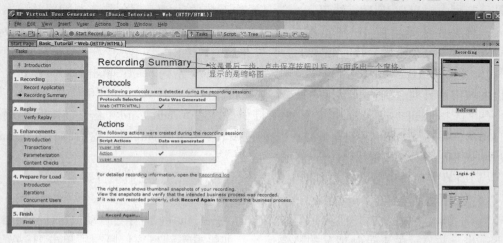

图 8-25　脚本保存

8.4.3 如何查看脚本

VuGen 录制了从单击开始录制按钮到单击停止按钮之间的所有操作步骤，包括旅行社的登录、预订机票、查看航班线路和注销操作。接下来可以在 VuGen 中查看脚本。可以在树视图或脚本视图中查看脚本。树视图是一种基于图标的视图，将 Vuser 的操作以步骤的形式列出；脚本视图是一种基于文本的视图，将 Vuser 的操作以函数的形式列出。

1. 树视图

要在视图中查看脚本，选择视图→树视图，或者单击树视图按钮；要在整个窗格中查看视图，点击"任务"按钮隐去"任务"窗格，如图 8-26 所示。

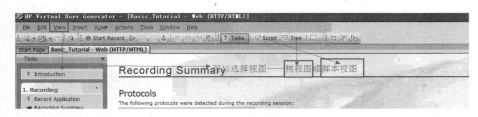

图 8-26　查看脚本

对于录制期间执行的每个步骤，VuGen 在测试树中为其生成一个图标和一个标题。在树视图中，将看到以脚本步骤的形式显示的用户操作。大多数步骤都附带相应的录制快照。快照使脚本更易于理解，更方便在工程师间共享，可以清楚地看到录制过程中录制了哪些屏幕。随后可以比较快照来验证脚本的准确性。在回放过程中，VuGen 也会为每个步骤创建快照。单击测试树中任意步骤旁边的加号（＋），即可看到在预订机票时录制的思考时间。"思考时间"表示在各步骤之间等待的实际时间，可用于模拟负载下的快速和慢速用户操作。"思考时间"机制可以让负载测试更加准确地反映实际用户操作。

2. 脚本视图

脚本视图是一种基于文本的视图，以 API 函数的形式列出 Vuser 的操作。要在脚本视图中查看脚本，选择视图→脚本视图，或单击脚本视图按钮，如图 8-27 所示。

在脚本视图中，VuGen 在编辑器中显示脚本，并用不同颜色表示函数及其参数值。在该窗口中可以直接输入 C 或 LoadRunner API 函数以及控制流语句。

如果在查看脚本时，碰到在脚本编辑器中显示的脚本有乱码（中文都是乱码，日志显示的也是乱码），可尝试以下解决方法：录制脚本前，打开录制选项配置对话框 Record—Options，进入到 Advanced—高级标签，先勾选"Support charset"，然后选择 UTF-8，如图 8-28 所示。再次录制，就不会出现中文乱码问题。

游戏测试

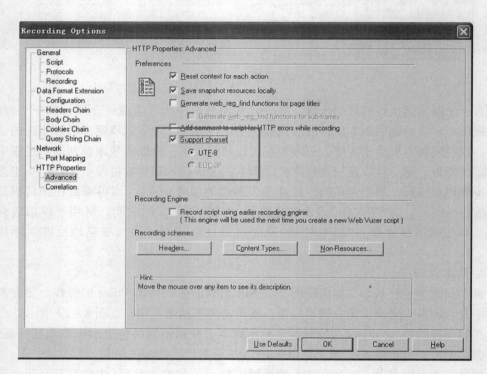

图8－27 脚本视图

图8－28 修改编码方式

8.5 LoadRunner 脚本回放

通过录制一系列典型用户操作（例如预订机票），已经模拟了真实用户操作。将录制的脚本合并到负载测试场景之前，回放此脚本以验证其能否正常运行。回放脚本之前，可以配置运行时设置，用来帮助设置 Vuser 的行为。

8.5.1 如何设置运行时行为

通过 LoadRunner 运行时设置，可以模拟各种真实用户活动和行为。例如，可以模拟一个对服务器输出立即做出响应的用户，也可以模拟一个先停下来思考，再做出响应的用户。另外还可以配置运行时设置来指定 Vuser 重复一系列操作的次数和频率。例如，对于 Web 仿真，还可以指示 Vuser 在 Netscape 而不是 Internet Explorer 中回放脚本。LoadRunner 适用于所有类型脚本的一般运行时设置。其中包括：

- 运行逻辑：重复次数。
- 步：两次重复之间的等待时间。
- 思考时间：用户在各步骤之间停下来思考的时间。
- 日志：希望在回放期间收集的信息的级别。

注意，也可以在 LoadRunner11 Controller 中修改运行时设置，方法是打开"运行时设置"对话框，确保"任务"窗格出现（如果未出现，请单击任务按钮）然后进行修改。

（1）单击任务窗格中的"验证回放"选项。在说明窗格内的"标题运行时设置"下单击打开运行时设置超链接。也可以按 F4 键或单击工具栏中的"运行时设置"按钮，这时将打开"运行时设置"对话框，如图 8 - 29 所示。

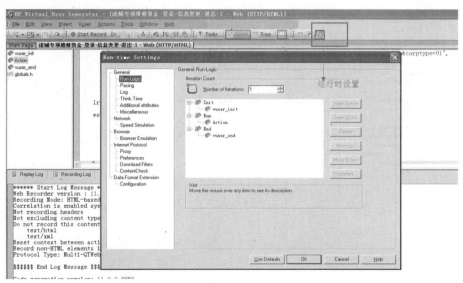

图 8 - 29　回放脚本前运行时设置

（2）设置运行逻辑。在左窗格中选择运行逻辑节点，设置迭代次数（连续重复活动的次数），将迭代次数设置为2，如图8-30所示。

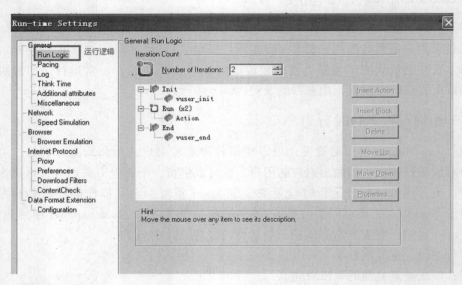

图8-30　设置回放的迭代次数

（3）配置步设置。在左窗格中选择步节点，此节点用于控制迭代时间间隔。可以指定一个随机时间。这样可以准确模拟用户在操作之间等待的实际时间，但使用随机时间间隔时，很难看到真实用户在两次重复的间隔时间恰好等待60s的情况。选择第三个单选按钮并进行下列设置：时间随机，间隔60 000～90 000s，如图8-31所示。

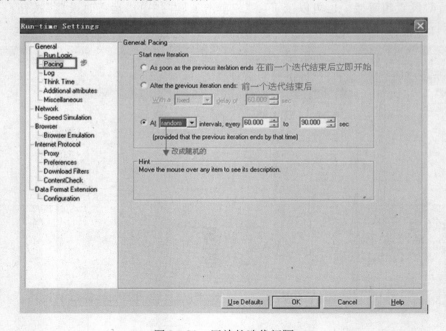

图8-31　回放的迭代间隔

（4）配置日志设置。在左窗格中选择日志节点。日志设置指出要在运行测试期间记录的信息量，开发期间，可以选择启用日志记录来调试脚本，但在确认脚本运行正常后，只能记录错误或禁用日志功能，选择扩展日志并启用参数替换，如图 8 - 32 所示。

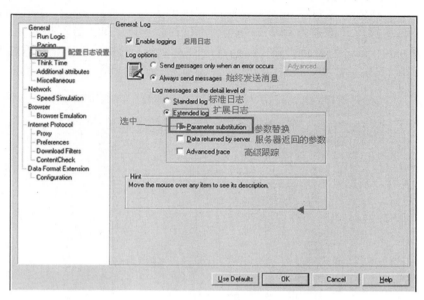

图 8 - 32　回放的日志配置

（5）查看思考时间设置。在左窗格中点击思考时间节点。可以在 Controller 中设置思考时间，如图 8 - 33 所示。注意，在 VuGen 中运行脚本时速度很快，因为它不包含思考时间。

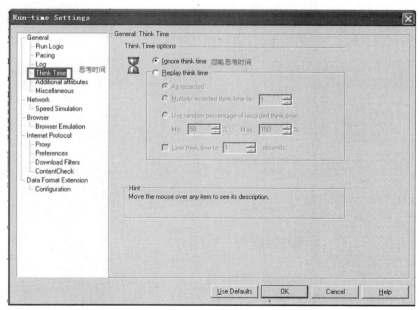

图 8 - 33　设置思考时间

8.5.2 如何实时查看脚本的运行情况

回放录制的脚本时，VuGen 的运行时查看器功能实时显示 Vuser 的活动情况。默认情况下，VuGen 在后台运行测试，不显示脚本中的操作动画。在这一节介绍让 VuGen 在查看器中显示操作，能够看到 VuGen 如何执行每一步。查看器不是实际的浏览器，它只显示返回到 Vuser 的页面快照。此处就是回放时显示的快照，否则没有快照。

（1）选择工具 → 常规选项，然后选择显示选项卡：Tools → generation options → display。

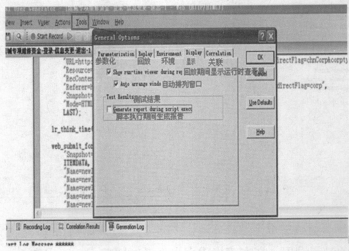

图 8-34　实时查看脚本运行情况

（2）单击"确定"关闭"常规选项"对话框。

（3）在任务栏（Task）中单击"验证回放"（2. Replay），然后单击说明窗格底部的"开始回放"按钮，或者按 F5 键和单击工具栏上的运行按钮。

图 8-35　验证回放

（4）如果"选择结果目录"对话框打开，并询问要将结果文件保存到何处，请接受默认名称并单击"确定"。稍后 VuGen 将打开"运行时查看器"，并开始运行脚本视图或树视图中的脚本（具体取决于上次打开的脚本）。在"运行时查看器"中，可以直观地看到 Vuser 的操作。注意回放的步骤顺序是否与录制的步骤顺序完全相同。

（5）回放结束后，会出现一个消息框提示是否扫描关联，单击"No"。

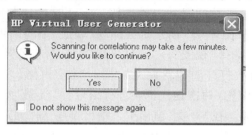

图 8 - 36　回放结束

8.5.3　如何查看有关回放的信息

当脚本停止运行后，可以在向导中查看关于这次回放的概要信息。要查看上次回放概要，请单击"验证回放"。上次回放概要列出了检测到的所有错误，并显示录制和回放快照的缩略图。通过比较快照，找出录制的内容和回放的内容之间的差异；也可以通过复查事件的文本概要来查看 Vuser 操作。输出窗口中 VuGen 的"回放日志"选项卡用不同的颜色显示这些信息。

（1）单击说明窗口中的回放日志超链接，也可以单击工具栏中的显示/隐藏输出按钮，或者在菜单中选择视图→输出窗口，然后单击回放日志选项卡。

（2）在回放日志中按 Ctrl + F 键打开"查找"对话框。找到下列内容：

①启动和终止。脚本运行的开始和结束——虚拟用户脚本已启动、Vuser 已终止。

②迭代。迭代的开始和结束以及迭代编号（橙色字体部分）。

VuGen 用绿色显示成功的步骤，用红色显示错误。例如，如果在测试过程中连接中断，VuGen 将指出错误所在的行号并用红色显示整行文本，如图 8 - 37 所示。

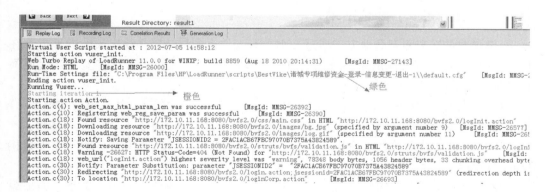

图 8 - 37　回放日志显示

(3)双击回放日志中的某一行。VuGen 将转至脚本中的对应步骤,并在脚本视图中突出显示此步骤。

8.5.4 如何确定测试已通过

回放录制的事件后,需要查看结果以确定是否全部成功通过。如果某个地方失败,则需要查看测试结果了解失败的时间以及原因。方法是返回到向导,单击任务窗格→Task 中的"验证回放",如图 8 - 38 所示。在标题"验证"下的说明窗格中,单击"可视测试结果"超链接。也可以选择"视图"→"测试结果",这时将打开"测试结果"窗口。

"测试结果"窗口首次打开时包含两个窗格:"树"窗格(左侧)和"概要"窗格(右侧)。"树窗格"包含结果树,每次迭代都会进行编号。"概要"窗格包含关于测试的详细信息以及屏幕录制器视频。在"概要"窗格中,指出哪些迭代通过了测试,哪些未通过。

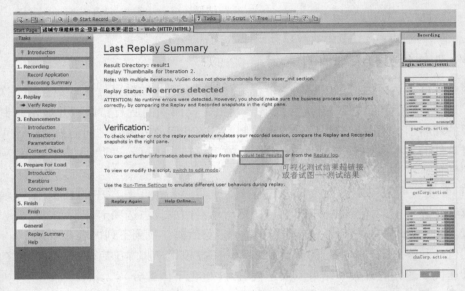

图 8 - 38 测试结果查看

8.5.5 如何搜索或者筛选结果

如果测试结果表明有些地方未通过,则须深入分析测试结果并找出失败的地方。在"树"窗格中,可以展开测试树并分别查看每一步的结果。"概要"窗格将显示迭代期间的回放快照,如图 8 - 39 所示。

(1)在树视图中展开迭代节点。展开节点 basic_tutorial 迭代 1,然后单击加号(+)展开左窗格中的 Action 概要节点。展开的节点将显示这次迭代中执行的一系列步骤。

(2)显示结果快照。选择 Submit Form: login. pl 节点。"概要"窗格显示与该步骤相关的回放快照。

(3)查看步骤概要。"概要"窗格显示步骤概要信息:对象或步骤名、关于页面加载是否成功的详细信息、结果(通过、失败、完成或警告)以及步骤执行时间。

图 8 - 39　测试结果显示

(4)搜索结果状态。可以使用关键字"通过"或"失败"搜索测试结果。此操作非常有用，例如当整个结果概要表明测试失败时，可以确定失败的位置。要搜索测试结果，请选择工具→查找，或者单击查找按钮。这时将打开"查找"对话框。选择"通过"复选框，确保未选择其他选项，然后单击查找下一个。"测试树"窗格突出显示第一个状态为通过的步骤。注意：如果找不到选定状态的步骤，则不突出显示任何步骤。

(5)筛选结果。可以筛选"测试树"窗格来显示特定的迭代或状态。例如，可以进行筛选以便仅显示失败状态。要筛选结果，请选择查看→筛选器，或者单击筛选器按钮。这时将打开"筛选器"对话框，如图 8 - 40 所示。在状态部分选择"失败"，不选择任何其他选项。在内容部分选择"全部"并单击"确定"，因为没有失败的结果，所以左窗格为空。

图 8 - 40　结果搜索

(6)关闭"测试结果"窗口，选择文件→退出。

8.6　GUI 测试

GUI(graphics user interface)即图形用户界面。游戏中的用户界面为了更加省时而且准确，往往会复用一些 GUI 组件。游戏中的 GUI 涉及图形设计、交互设计和用户研究，用户界面中信息载体有以文本为主的字符、以二维图像为主的多媒体；而 GUI 的输出有以符号为主的字符命令语言、以视觉感知为主的图形用户界面，还有兼顾听觉感知的多媒体用户界面和综合运用多种感观的虚拟现实系统等。界面是软件与用户交互的最直接的层，界面的好坏决定用户对软件的第一印象。设计良好的用户界面能够引导用户完成相应的操作，起到向导的作用。同时界面如同人的面孔，具有吸引用户的直接优势。设计合理的用户界面能给用户带来轻松愉悦的感受和成功的感觉；相反，如果界面设计失败，让用户有挫败感，再实用强大的功能都可能在用户的畏惧与放弃中付诸东流。所以，GUI 测试不论对于游戏或者其他应用软件都是很重要的一项测试内容。总体来说，GUI 测试大部分都是黑盒测试，主要从以下几个方面来考虑：

1. 功能性

功能性主要反映 GUI 在需求功能方面是否满足用户的需求，是否存在功能遗漏和冗余。功能性的测试问题属于级别较高的 Bug，在测试出来后，需要程序员进行更正。一般来说，用户界面应具有如下功能：

(1)与正在进行的操作无关的按钮应该加以屏蔽(Windows 中用灰色显示，没法使用该按钮)。

(2)对可能造成数据无法恢复的操作必须提供确认信息，给用户放弃选择的机会。

(3)非法的输入或操作应有足够的提示说明。

(4)对运行过程中出现问题而引起错误的地方要有提示，让用户明白错误出处，避免形成无限期的等待。

(5)提示、警告或错误说明应该清楚、明了、恰当。

2. 易用性

易用性主要针对 GUI 在使用时是否能清晰地表达产品的特征，方便用户找到和使用游戏中的各个功能。易用性测试除了针对应用程序的测试，还包括对用户手册系统文档的测试。下面列举在窗口中有关易用性方面的内容：

(1)不同界面中的同一功能使用同样的图标和图片。

(2)完成同一功能或任务的元素放在集中位置，减少鼠标移动的距离。

(3)界面上首先应输入的和重要信息的控件在 Tab 顺序中应当靠前，位置也应放在窗口上较醒目的位置。

(4)同一界面上的控件数不要超过 10 个，多于 10 个时可以考虑使用分页界面显示。

(5)可写控制项检测到非法输入后应给出说明并能自动获取焦点。

(6)Tab 键的顺序与控件排列顺序要一致，一般是总体从上到下、从左到右的方式。

(7)常用菜单要有命令快捷方式。

（8）菜单前的图标直观，能代表要完成的操作。

（9）菜单深度一般要求控制在三层以内。

（10）一条工具栏的长度最长不能超出屏幕宽度。

（11）多个子窗体弹出时应该依次向右下方偏移，以显示出窗体标题为宜。

（12）重要的命令按钮与使用较频繁的按钮要放在界面上注目的位置。

（13）错误使用容易引起界面退出或关闭的按钮不应该放在易点位置。横排开头或最后与竖排最后为易点位置。

3. 美观与协调性

美观性是指设计的图形界面具有良好的美观表现，能够提供更好的服务，界面大小适合美学观点，感觉协调舒适，能在有效的范围内吸引用户的注意力。例如：

（1）长宽接近黄金点比例，切忌长宽比例失调或宽度超过长度。

（2）布局要合理，不宜过于密集，也不能过于空旷，合理地利用空间。

（3）按钮大小基本相近，忌用太长的名称，免得占用过多的界面位置。

（4）按钮的大小要与界面的大小和空间协调。

（5）避免空旷的界面上放置很大的按钮。

（6）放置完控件后界面不应有很大的空缺位置。

（7）字体的大小要与界面的大小比例协调，通常使用的字体中宋体 9 ～ 12 号较为美观，很少使用超过 12 号的字体。

（8）界面风格要保持一致，字的大小、颜色、字体要相同，除非是需要艺术处理或有特殊要求的地方。

（9）如果窗体支持最小化和最大化或放大时，窗体上的控件也要随着窗体而缩放；切忌只放大窗体而忽略控件的缩放。

（10）对于含有按钮的界面一般不应该支持缩放，即右上角只有关闭按钮。

4. 安全性

在界面上通过控制出错概率，可大大减少系统因用户人为的错误引起的破坏。开发者应当尽量周全地考虑到各种可能发生的问题，使出错的可能降至最小。例如，游戏出现保护性错误而退出，这种错误最容易使玩家对游戏失去信心。因为这意味着玩家要中断游戏，并费时费力地重新登录，而且已进行的操作也会因没有存盘而全部丢失。安全性细则：

（1）排除可能会使游戏非正常中止的错误，这点是最重要的。

（2）当用户作出选择的可能性只有两个时，采用单选框。

（3）当选项特别多时，采用列表框、下拉式列表框。

（4）对可能发生严重后果的操作要有补救措施，通过补救措施用户可以回到原来的正确状态。

（5）对可能造成等待时间较长的操作提供取消功能。

（6）有些读入数据库的字段不支持中间有空格，但用户确实需要输入中间空格，这时要在程序中加以处理。

（7）尽量防止对系统的独占使用。

由于图形用户界面的普及，针对 GUI 的测试也单独成为了游戏测试的一个重点。在 GUI 刚开始被采用时，由于没有统一的规范，这一块的测试比较主观。随着 GUI 技术的成熟，组件的大量采用和重用，以及越来越多的可以遵循的指南，使得 GUI 测试更加客观也更加贴近用户。此时 GUI 测试逐渐与功能测试分开，GUI 测试主要关注应用程序上 GUI 组件是否符合规范或用户的操作习惯。当然 GUI 测试不可以脱离功能而独立测试，它随着功能的实现，一个一个窗口进行校验，也可以和功能测试一起测试。对于简单的游戏可以将 GUI 测试和验证功能实现一起进行，但对于稍微复杂一些的大型游戏系统，最好将其分开，这样才不至于遗漏任何一个重点。

本章小结

系统测试是将经过集成测试的游戏软件，在实际运行环境下进行一系列严格有效的测试以发现游戏软件的潜在问题，保证系统的运行。这里所谓的系统不仅仅包括游戏软件本身，还包括计算机硬件及其相关的外围设备、实际运行时的大批量数据、非正常操作（如黑客攻击）等等。系统测试明显区别于功能测试，是在更大范围内着重对系统的性能、特性、安全性、可靠性等方面进行测试。

9 游戏的可玩性测试

游戏的可玩性 = 游戏环境 + 规则。

游戏环境是传递给玩家的第一感受，新颖、漂亮的界面，美丽和谐的 3D 场景，顺畅简捷而又能体现不同层次玩家水准的游戏操作，安全可靠的服务器都是玩家的第一要求，或者说是他们首先能够感受到的某个游戏的特色与好坏。游戏的规则是游戏的核心，规则的平衡性是衡量游戏生存周期的重要标志，假如一个游戏的规则导致游戏中有最强的单位属性，那么这个单位在玩家的游戏中出现的频率将越来越多；反之，游戏的规则导致游戏中有最弱的单位属性，那么在游戏中会越来越少出现甚至不再使用它。这样的游戏可玩性就很差，因此它的生存周期也不会长。

游戏可玩性测试是针对游戏的可玩程度进行的一种测试，测试项目涉及游戏画面音乐、内容、游戏参数设置、操作手感、场景地图、关系系统等多个层面。游戏可玩性要根据实际情况来判断，但通常需要二次测评。考察一个游戏可玩性的有效办法是做同竞品数据对比，也就是将同渠道下、相同用户质量的两个批次玩家，分别导入两款玩法类似的竞品中。在排除运营、口碑等影响因素的情况下，最终数据高的游戏可玩性更好。但是绝大部分中小游戏公司是无法完成这样的测试工作的，所以将这部分游戏测试外包是一个很好的选择。

9.1 什么是游戏平衡

"一个游戏是很多有趣的选择的集合。"如果游戏失去平衡，就会减少这些选择而影响游戏可玩性。一个理想的游戏应该经过一系列的选择，最后以胜利或其他完成的条件结束。有时一些选择明显成为唯一的选择，或明显是无效的。如果在某一阶段，游戏出现仅有唯一的选择，而游戏却没有结束，就说明游戏的平衡性有了问题。几乎所有所谓的不平衡都来自选择权的减少。例如，在一个策略游戏里，如果某一种部队的作用和费用相比过于划算，就会造成其他的部队几乎或完全没有作用。这种情况留给玩家一只有一个选择(无从选择)，会使玩家受到很多不相关的干扰。这些干扰实际上让游戏变得比较迷乱，减损了游戏可玩性，让玩家感到失望。

一个游戏是一个系统，在设计初期应用良好的系统设计方式使游戏具有较好的平衡性。好的系统设计方式可以分成三个重要步骤：游戏要素的模块性、连贯的设计宗旨及对复杂性的控制与调节。α、β、λ 常用来表示测试过程中的三个阶段，α 是第一阶段，一般只供内部测试使用；β 是第二个阶段，已经消除了中大部分的不完善之处，但仍有可能还存在缺陷和漏洞，一般只提供给特定的用户群来测试使用；λ 是第三个阶段，此时产品已经相当成熟，只需在个别地方再做进一步的优化处理即可上市发行。在设计的早期就采用这些方法将为设计师在游戏测试的 α 和 β 阶段节省大量的时间。游戏平衡性通常被认为是 α 或 β 测试的事情，但事实上就像任何工程一样，好的准备工作是实现良好游戏平衡的关键。优秀的游戏设计具有极大的可平衡性，也就是指游戏系统可以较容易地调整到平衡的状态。如果系统没有可平衡性，费尽周折也不可能将游戏调整到平衡。

9.1.1　游戏平衡性概念的分类

按平衡性涉及的范围来看，有局部平衡性(微观调控)和整体平衡性(宏观调控)；从时间或游戏结构观察，则有静态平衡性与动态平衡性。广义的游戏平衡性可分为：玩家/玩家间的平衡性；玩家/游戏规则间的平衡性(严重影响游戏的可玩性)；游戏内部的平衡性(游戏可玩性/游戏可玩性间的平衡)，如图 9 - 1 所示。

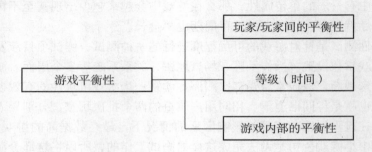

图 9 - 1　游戏平衡性分类

9.1.2　基本游戏平衡过程

除了基本的规则和技巧之外，过程是非常重要的。游戏的平衡过程有几个步骤，每个步骤都有各种各样的技巧。首先要考虑的是让游戏有趣及可玩，这就需要整体平衡性测试，或者说让游戏中的大部分要素至少达到基本上平衡，而且不存在任何要素严重不平衡。只要达到这个状态，就可以继续细调游戏要素的具体部分，如 RTS 游戏里的种族或派系。当然在游戏 α 测试阶段之前通常已进行了整体平衡性测试，但可能会出现随着新功能的增加要重新进行调整。"家园"(Homeworld)的主策划 Erin Daly 提出，应将相关的功能在同一时间加入，然后做一个整体平衡性测试，这是在整个开发过程中保持游戏可玩性的最有效的方法。在 α 测试阶段的后期实现了整体平衡性后，就可以对游戏进行局部平衡性测试，使游戏平衡达到完美的程度。

1. 整体平衡性

提供一个可平衡的游戏系统显然只是达到游戏平衡的第一步。即便是最完美的设计也需要实施，而在实施的过程中错误就会出现。游戏的价值要在整个游戏实现之后才能被清楚认识到。在这些情况下，设计者必须在 α 测试阶段之前及测试期间运用整体平衡性测试校正平衡值，目的是瞄准核心游戏可玩性。例如，设计者也许设立游戏速度的基线为"大约 10 分钟长的游戏"，或者设立角色韧性的基线为"被一个危险怪兽攻击 3 次是致命的"。一旦为每个游戏因素（一个地图、一个角色类型，一段对话等）都找到满意的基线，就可以这些游戏要素基线为依据来扩展游戏。

2. 局部平衡性

游戏整体平衡性测试完成后，还需要对游戏的平衡进行细节调校。如果游戏有趣味性，且不存在明显的问题，则已基本上实现整体平衡性并可开始转向微小细节。局部平衡性最大的挑战是找到问题。

对于较小的不平衡性，常用的测试技巧是大量地测试游戏，寻找常用的方法，或寻找从不被使用的方法。例如，与一个测试员或另一个策划人员讨论假设的情景或与其对战，找到一个一致认为会产生的结果，然后在游戏中测试是否会发生同样的结果。采用一直占优势的方法，或寻找从不被使用的方法，分析产生这种情况的实际原因，并确认游戏是否应该这样发展；从而判断不平衡性的类别，将其归类到典型的不平衡性因素中。

除此之外，发现不平衡性的第二个方法为"追逐不平衡性"，也就是一个假定的情景被定义后，而由此产生的各种可能的行动及结果都应是符合设计的。例如，一个坦克部队的冲锋应该被认为能打败一个轻型车队的进攻，但同时也应该受到轻度伤害，而面对防坦克步兵团的反攻则应受到重创。如果在实际的游戏中，一个坦克部队的冲锋可完全歼灭一个轻型车队并可以与防坦克步兵团不分胜负，此时坦克部队的过于强大就造成了不平衡性。追逐不平衡性是十分重要的，如果严格地执行，轻易就可以发现 75% 以上的较小不平衡性问题。有时游戏往往不会完全按照游戏策划中所期待的某种特别方式发展，特别是在一个多人对战游戏中，一个局部平衡价值的微小变化就可以打破游戏的平衡性。

9.2　游戏平衡性测试

游戏测试包括游戏软件测试和游戏可玩性测试两大部分，而在游戏的后期测试中包括两个测试阶段：α 测试阶段和 β 测试阶段。对于游戏的平衡性来说，α 测试阶段和 β 测试阶段是完成游戏平衡性测试的重要阶段，它们占据了游戏生命周期的 30%，占据了游戏平衡性设计和修改的 70%。

α 测试最大的挑战是找出问题，一旦找到问题，就可以开始稍微调整数值，但要注意不因此再产生新的问题。良好的要素模块和预先计划在这一阶段很有效果——没有它们，就可能做不到在一个合理时间范围内完成游戏的平衡。近年来流行的方法是秘密记录（不告诉玩家）游戏成果及统计数据，游戏世纪帝国（Age of Empires）、雪乐山（Sierra）发表的几款游戏及斗争阴影（Strifeshadow）都受益于这个技巧。

在做局部平衡性测试时，很重要的一点是细调时不要影响到其他的游戏数值，譬如，在角色扮演游戏里考虑一个叫作"火球"的符咒，它是火系符咒的一种。如果火球威力过大，策划人员可做的就是全面降低火系魔法的威力，或将火球降级。很明显，合适的做法应该是在细调全面火系魔法之前将火球降级。这是一个很简单的例子，在多数情况下，游戏要素之间都存在一定程度的互相依赖，要缜密考虑一个改变对游戏产生的影响，最好是尝试单独解决问题而不影响其他游戏要素的方法。

无论何时进行不平衡性的测试，对于那些在游戏早期所设置的游戏要素，往往比后期的游戏要素要敏感得多。仅仅因为一个早期游戏要素的不平衡性会影响在它之后设置的所有要素，而后期游戏要素能够制造麻烦的时间有限。因此有必要在做平衡性测试之前先做好游戏的整体测试，来平衡早期的游戏因素。

β阶段的补丁中的游戏平衡性变化是通过游戏玩家的反馈完成的，因此，对这个阶段的测试数据要辩证分析，有时一个不成熟的测试人群会给出错误的结果，例如不熟悉游戏，或者并没有全面测试（或只是尝试最容易的部分）游戏功能。同样的，一个过于成熟的测试人群也有可能忽视其他策略的潜力，或被困在一个很高级却较模糊的不平衡点，而这些不平衡与其他更明显的不平衡相比没有那么紧迫。Ethermoon娱乐公司在游戏"斗争阴影"里应用的一个极为有效的技巧就是夸大在β阶段的补丁中的游戏平衡性变化，来怂恿玩家尝试新的战略，而不再继续"抵抗"新的变化。

最后，还要避免"过度解决"不平衡性。当在同一时间运用多重不同的细调方法解决一个特定问题时就会产生"过度解决"的情形。这样就很难判定修改所带来的效果，因为运用了多重独立的可变性来影响一个不独立的可变性。"过度解决"也有可能因意外地影响其他游戏要素而带来麻烦。

本章小结

游戏测试作为软件测试的一部分，它具备了软件测试所有的一切共同的特性。所以游戏测试则主要分为两部分组成：一是传统的软件测试；二游戏本身的测试（游戏可玩性测试）。

（1）游戏情节的测试，主要指游戏世界中的任务系统的组成；

（2）游戏世界的平衡测试，主要表现在经济平衡，能力平衡（包含技能，属性等等）；

（3）游戏文化的测试，比如整个游戏世界的风格，是中国文化主导，还是日韩风格等等；

（4）游戏世界的搭建，包含聊天功能、交易系统、组队等可以让玩家在游戏世界交互的平台。

附录1 游戏 C++ 代码书写规范

1. 目的

编码是一切软件行为的实现基础。在编码时，为减少在编码水平上的个人差异、顺利地进入单体试验阶段，以及便于进行调试和提高维护效率，特制定本标准。

本标准作为代码的书写标准，其主要目的在于统一程序设计的书写风格，培养良好的编码习惯，使代码清晰、明确，具有良好的可读性。良好的编码习惯可以帮助程序员避开语法或语义错误，对出现的错误迅速定位。另外，良好的编码习惯还有助于在编码过程中对程序的设计思路进行验证和提示。

本规范作为编码的通常标准，希望每个人都能按此规范进行编码，提高程序的可读性、可修改性以及可维护性。

2. 适用范围

本文阐述的编码规范主要使用在以 C/C++ 为编程语言的软件的开发上。

3. 术语

扇入：一个函数的直接上级函数的数目，即有多少个函数直接调用它。

扇出：一个函数直接调用(控制)其他函数的数目。

4. 基本原则

本规范的基本目的是提高代码的可维护性。也就是说，代码必须是可读的、易于理解的、可测试的和可移植的。

4.1 所有的代码必须符合业界标准，尽可能使用标准函数库，如 ANSI C、微软提供的标准库等。

4.2 保持代码简单直观。避免使用深度超过 3 层的嵌套语句。避免编程语言中隐含晦涩的特性，直接表达编写者的意图。

4.3 尽量避免使用复杂的语句。包含多个分支的语句很难被理解与测试。

4.4 尽量避免使用 GOTO 语句。合理使用 GOTO 语句可以提高代码的运行效率，但 GOTO 语句的使用会破坏程序的结构性，因此应该尽量避免使用。

4.5 请及时更新旧的代码，按要求提交，以方便版本管理。受产品的资金、时间、范围的约束，可能写出能工作但结构不优美、执行效率不高的代码，请不要对这种代码置之不理。

4.6 保持良好的软件结构。一般情况下，好的软件结构具备如下特征：顶层函数的扇出较高；中层函数的扇出较少；底层函数则扇入到公共模块中。

4.7 预留调试接口，对可能存在的错误作出预防。

4.8 秉持标准的灵魂。在需要做出决策却没有直接标准时，必须坚持以标准的精神来对待所处的问题。流程图中每个节点说明负责人，如有文档产生，请注明相应的文档名称。

5. 文件命名与组织

5.1　文件命名，代码文件使用下列扩展名：

文件类型	扩展名
C++ 源文件	. cpp
C++ 头文件	. h

常用文件名：

文件名称	说　明
makefile	描述如何编译生成最终的二进制文件的脚本文件
release	描述各个版本的主要更改、问题解决状况和尚未解决的问题等
readme	总结项目的内容
changelog	描述源文件的修改记录，精确到函数
source	设置编译选项以及需要编译的源文件
dirs	指明需要编译的目录

5.2　工程组织结构。

为了便于开发人员理解和维护上的方便，一般软件工程目录的组织结构推荐使用下列组织形式：

```
Project
    +src
        Source
        Makefile
    + lib
    + include
    + doc
        README
        ChangeLog
        RELEASE
        Dirs
```

6. 代码结构

6.1　文件头

文件头是嵌入在 C++ 头文件或源文件中，在文件首部的注释块，一般包含如下信息：公司或组织的名称、地址、版权说明、开发人员、模块目的/功能、文件版本、修改日志。

6.2　C++头文件

头文件的布局：文件头（有些头文件较简单可不必包含文件头，但公共头文件一定需要带有文件头）、版本历史、常量定义、全局宏定义、全局数据类型定义、全局变量定义、外部引用定义、全局函数原型定义

6.3　C++源文件

源文件也即实现文件，其布局如下：

文件头

版本历史

#include 区

#define 区

宏定义区（macros）

本地数据类型定义区（local data types）

本地变量区（local variables）

本地函数原型（local function prototypes）

全局函数（global functions）

局部函数（local functions）

7. 排版

7.1　代码行宽度

推荐每行的代码宽度限制在 80 个字符内。80 个字符限制是由于旧显示器的约束，可视范围只有 80 个字符。较长的语句（>80 字符）要分成多行书写，长表达式要在低优先级操作符处划分新行，操作符放在新行之首，划分出的新行要进行适当的缩进，使排版整齐，语句可读。

7.2　TAB 字符的使用

不应使用 TAB 字符（ASCII 编码 0x09），而应该使用空格字符（ASCII 0x20）实现缩进。因为 TAB 字符在不同的计算机、打印机上表现各异，对其限制使用，可使缩进空间很好地被保持。

7.3　缩进

函数、结构、循环、判断等语句都需要采用缩进，缩进请使用 4 个空格，缩进代码包含 4 个空格（ASCII 编码 0x09）。

7.4　相对独立的程序块之间、变量说明之后必须加空行。

示例：如下例子不符合规范

```
void function1()
{
int var1,var2; var1 = 1; var2 = 2;
}
```

正确的书写方法是：

```
void function1() {
int var1, var2;
var1 = 1; var2 = 2; }
```

7.5   允许把多个短语句写在一行中，即一行只写一条语句

示例：如下例子不符合规范：

rect. length = 0; rect. width = 0;

正确的书写：

rect. length = 0;

rect. width = 0;

7.6   在两个以上的关键字、变量、常量进行对等操作时，它们之间的操作符之前、之后或者前后要加空格；进行非对等操作时，如果是关系密切的立即操作符（如 -> ），后不应加空格。示例：

（1）逗号、分号只在后面加空格。

int a, b, c;

（2）比较操作符，赋值操作符" = "" + = "，算术操作符" + ""%"，逻辑操作符"&&""&"，位域操作符" << "、"^"等双目操作符的前后加空格。例如：

if (current_ time >= MAX_ TIME_ VALUE)

a = b + c;

a *= 2;

a = b^2;

（3）"！"、" ～ "、" ++ "、" -- "、"&"（地址运算符）等单目操作符前后不加空格。例如：

* p = 'a';   // 内容操作" * "与内容之间

flag = ! isEmpty;   // 非操作"！"与内容之间

p = &mem;   // 地址操作"&"与内容之间

i ++ ;   // " ++ "，" -- "与内容之间

（4）" -> "、"."前后不加空格。

p -> id = pid;   //" -> "指针前后不加空格

（5）if、for、while、switch 等与后面的括号间应加空格，使 if 等关键字更为突出、明显。

if (a >= b && c > d)

8. 注释

8.1   每一注释都必须有用。

8.2   对于函数要给出必要的注释。

列出：函数的名称、功能、入口参数、出口参数、返回值、调用说明。建议尽量使用英文来作为注释语言，但前提是一定要将意义表示明白，否则可以使用中文。示例：

```
/**
*   sample_func - summary this function
*   @ param1 : description of param1
*   @ param2 : description of param2
*   Detail descript the usuage of sample_func.
* /
int sample_func(int param1, int param2);
```

8.3   保持代码与注释的一致性。

边写代码边注释，修改代码同时修改相应的注释，以保证注释与代码的一致性。不再有用的注释要删除。

8.4   尽可能使用尾部注释。

示例：

```
void ClkUpdateTime (void) {
if (g_dwClkSec >= CLK_MAX_SEC)      /* Update the seconds * /
{
    g_dwClkSec = 0;
    if (g_dwClkMin >= CLK_MAX_MIN)   /* Update the minutes * /
    {
        g_dwClkMin = 0;
        if (g_ClkHour >= CLK_MAX_HOURS)   /* Update the hours* /
        {
            g_ClkHour = 0;
        }
        else
        {
            g_ClkHour ++;
        }
    }
    else
    {
        g_ClkMin ++;
    }
}
else
{
    g_ClkSec++;
}
}
```

8.5　对于块代码的注释使用#if 0 和#endif 条件编译指令 。

注释不应该嵌套。要注释大段的代码，请使用#if 0 和#endif。示例：

```
#if 0  /* Comments out the following code* /
#define DISP_TBL_SIZE 5  /* Size of display buffer table* /
#define DISP_MAX_X 80  /* Max. number of characters in X axis* /
#define DISP_MAX_Y 25  /* Max. number of characters in Y axis* /
#define DISP_MASK 0x5F #endif
```

8.6　在代码的功能、意图层次上进行注释，提供有用、额外的信息。

8.7　注释的格式尽量统一，建议使用/ * …… */。

8.8　将注释与其上面的代码用空行隔开。

示例：

```
/*  code block one comment * /
code block one


/*  code block two comment * /
code block two
```

9.　标识符命名约定

一般约定：

#define constants：

#define macros：

typedefs：

enum tags：

所有字符都必须大写；

单词用下画线(_)隔开。示例：DISP_BUF_SIZE，MIN( )，MAX( )。

局部变量(也就是函数范围的)：

以变量的数据类型的缩写开头；

变量名中每个单词的第一个字符大写，其他所有字符都必须小写；

使用标准名字(例如：i，j，k 作循环计数器，p 作指针)；

示例：dwSocket，pSocketService。

全局变量：

以"g_"为前缀，接着为变量的数据类型缩写，各单词的首字母大写，其余字符小写。示例：g_DispMapTbl[ ]，g_CommErrCtr。

函数：

以模块名称为前缀；

不同单词间首字母大写。示例：void CommInit( )。

类名：

以 C 为前缀；

各单词的首字母大写，其余字符小写。示例：CPcmciaBusBridge。

成员变量名：

以"m_"为前缀，紧跟为变量的数据类型缩写；

各单词的首字母大写，其余字符小写。示例：m_dwPollTimeout，m_blResumeFlag。

成员函数：

各单词的首字母大写，其余字符小写。示例：etPowerEntry( )，PowerMgr( )。

10. 数据类型

10.1 在完成平台无关的代码时，建议采用可移植的数据类型。

在完成平台无关的代码时，不要直接使用标准的 C 语言数据类型，因为它们的长度是不可移植的。作为替代，使用下列数据类型，并根据目标处理器和编译器重新定义。

typedef unsigned char   U8；

typedef signed char   S8；

typedef unsigned short U16；

typedef signed short   S16；

typedef unsigned int   U32；

typedef signed int   S32；

typedef unsigned long long U64；

typedef signed long long S64。

10.2 结构对齐

每一个结构成员都要缩进 4 个空格，其名字要列对齐。注意：注释也要尽量保持列对齐。

10.3 数据类型作用范围

如果一个数据类型只在实现文件中使用，它就只能定义于实现文件中。如果数据类型是全局的，它就必须定义在模块的头文件中。

10.4 数据请注意区分大数端和小数端。

11. 变量

11.1 尽可能地少定义全局变量。

11.2 严禁使用未经初始化的变量作为右值。

11.3 当向全局变量传递数据时，要防止赋与不合理的值或越界现象发生。

12. 函数

12.1 对于所调用函数的错误返回码均必须有相应的处理代码。

12.2 明确函数功能，精确(而不是近似)地实现函数设计。

12.3 编写可重入函数时，应注意局部变量的使用。

说明：编写 C/C++语言的可重入函数时，不应使用 static 局部变量，否则必须经过特殊处理，才能使函数具有可重入性。

12.4 编写可重入函数时，若使用全局变量，则应通过关中断、信号量(即 P、V 操作)等手段对其加以保护。

说明：若对所使用的全局变量不加以保护，此函数就不具有可重入性，即当多个进程调用此函数时，很有可能使有关全局变量变为不可知状态。示例：

```
DWORD g_dwVar;
DWORD count()
{
    g_dwVar++;
    return g_dwVar;
}
```

理论上，每次执行 count 函数，全局变量 g_dwVar 都将自动增加 1。但在多线程环境中，却会发生问题。例如，A 线程执行语句后，B 线程可能正好被激活，也调用了 count 函数，那么控制重新回到 A 线程时，事实上 g_dwVar 已经增加了 2，返回值就出现了不可预想的结果。此函数应如下改进：

```
DWORD count()
{
    DWORD dwTemp;
    [申请信号量操作]
    g_dwVar++;
    dwTemp = g_dwVar++;
      [释放信号量操作]
      return dwTemp;
}
```

12.5　在项目组内，应明确规定对接口函数参数的合法性检查由函数的调用者还是由接口函数本身负责，缺省是由函数调用者负责。

说明：对于模块间接口函数的参数合法性检查这一问题，要避免两个极端：要么调用者和被调用者对参数均不做合法性检查，结果就遗漏了合法性检查这一必要的处理过程，造成问题隐患；要么就是调用者和被调用者均对参数进行合法性检查，这种情况则产生冗余代码，降低了效率。

12.6　函数的规模尽量限制在 200 行以内。

说明：不包括注释和空格行。

12.7　一个函数执行一个任务或功能，一个复杂的功能可由多个功能单一的函数实现。

12.8　函数的功能是可以预测的，也就是只要输入数据相同就应产生同样的输出。

说明：带有内部"存储器"的函数功能是不可预测的，因为它的输出可能取决于内部存储器的状态。这样的函数既不易于理解也不利于测试和维护。

12.9　尽量不要编写依赖于其他函数内部实现的函数。

说明：此条为函数独立性的基本要求。

12.10　非调度函数应减少或限制控制参数，尽量只使用数据参数。

说明：本建议目的是防止函数间的控制耦合。调度函数是指根据输入的消息类型或控制命令，来启动相应的功能实体（即函数或过程），而本身并不完成具体功能。控制参数是指改变函数功能行为的参数，即函数要根据此参数来决定具体怎样工作。非调度函数的控制参数增加了函数间的控制耦合，很可能使函数间的耦合度增大，并使函数的功能不唯一。如下函数构造不太合理：

```
int addSub( int a, int b, BYTE bAddSubFlg )
{
    if (bAddSubFlg == INTEGER_ADD)
    {
        return (a + b);
    }
    else
    {
    return (a - b);
    }
}
```

正确的做法是分为两个函数：

```
int Add( int a, int b )
{
    return (a + b);
}
int Sub( int a, int b )
{
  return (a - b);
}
```

12.11　在调用函数填写参数时，应尽量减少没有必要的默认数据类型转换或强制数据类型转换。

说明：因为数据类型转换或多或少存在危险。

12.12　如果多段代码重复做同一件事情，那么在函数的划分上可能存在问题。

说明：若此段代码各语句之间有实质性关联并且是完成同一件功能的，那么可考虑把此段代码构造成一个新的函数。

12.13　功能不明确或功能较小的函数，特别是仅有一个上级函数调用它时，应考虑把它合并到上级函数中，而不必单独存在。

说明：模块中函数划分得过多，一般会使函数间的接口变得复杂。所以过小的函数，特别是扇入很低的或功能不明确的函数，不值得单独存在。

12.14　设计高扇入、合理扇出(小于7)的函数 。

说明：扇出过大，表明函数过分复杂，需要控制和协调过多的下级函数；而扇出过小，如总是1，表明函数的调用层次可能过多，这样不利于程序阅读和函数结构的分析，并且程序运行时会对系统资源如堆栈空间等造成压力。函数较合理的扇出(调度函数除外)通常是3～5。扇出太大，一般是由于缺乏中间层次，可适当增加中间层次的函数。扇出太小，可把下级函数进一步分解多个函数，或合并到上级函数中。当然分解或合并函数时，不能改变要实现的功能，也不能违背函数间的独立性。扇入越大，表明使用此函数的上级函数越多，这样的函数使用效率高，但不能违背函数间的独立性而单纯地追求高扇入。公共模块中的函数及底层函数应该有较高的扇入。

12.15　减少函数本身或函数间的递归调用。

说明：递归调用特别是函数间的递归调用（如 A→B→C→A），影响程序的可理解性；递归调用一般都占用较多的系统资源（如栈空间）；递归调用对程序的测试有一定影响。故除非为某些算法或功能的实现方便必须递归调用，应减少没必要的递归调用。

12.16　仔细分析模块的功能及性能需求，并进一步细分，同时若有必要画出有关数据流图，据此来进行模块的函数划分与组织。

说明：函数的划分与组织是模块的实现过程中很关键的步骤，如何划分出合理的函数结构，关系到模块的最终效率和可维护性、可测性等。根据模块的功能图或/及数据流图映射出函数结构是常用方法之一。

12.17　改进模块中函数的结构，降低函数间的耦合度，并提高函数的独立性以及代码可读性、效率和可维护性。优化函数结构时，要遵守以下原则：

（1）不能影响模块功能的实现。

（2）仔细考查模块或函数出错处理及模块的性能要求并进行完善。

（3）通过分解或合并函数来改进软件结构。

（4）考查函数的规模，过大的要进行分解。

（5）降低函数间接口的复杂度。

（6）不同层次的函数调用要有较合理的扇入、扇出。

（7）函数功能应可预测。

（8）提高函数内聚（单一功能的函数内聚最高）。

说明：对初步划分后的函数结构应进行改进、优化，使之更为合理。

13.　宏

13.1　用宏定义表达式时，要使用完备的括号。

如下定义的宏都存在一定的风险：

#define RECTANGLE_ AREA(a , b) a * b

#define RECTANGLE_ AREA(a , b) (a * b)

#define RECTANGLE_ AREA(a , b) (a) * (b)

正确的定义应为：

#define RECTANGLE_ AREA(a , b) ((a) * (b))

13.2　将宏所定义的多条表达式放在大括号中。

示例：下面的语句只有宏的第一条表达式被执行。为了说明问题，for 语句的书写稍不符规范。

```
#define INTI_RECT_VALUE ( a, b ) \
    a = 0; \
    b = 0;
for (index = 0; index < RECT_TOTAL_NUM; index ++)
    INTI_RECT_VALUE ( rect. a, rect. b );
```

正确的用法应为：

```
#define INTI_RECT_VALUE ( a, b ) \
{ \
    a = 0; \
    b = 0; \
}
for (index = 0; index < RECT_TOTAL_NUM; index ++)
{
    INTI_RECT_VALUE ( rect[ index ]. a, rect[ index ]. b );
}
```

13.3　使用宏时，不允许参数发生变化。

示例：如下用法可能导致错误。

```
#define SQUARE ( a ) ((a) *  (a))
int a = 5;
int b;
b = SQUARE ( a ++ ); // 结果: a = 7, 即执行了两次增1.
```

正确的用法是：

```
b = SQUARE ( a );
a ++; // 结果: a = 6, 即只执行了一次增1.
```

14．其他

14.1　请在 C 语言函数原型定义处加上 C++ 外包声明。

示例：

```
#ifdef _cplusplus
    extern "C" {
    #endif
    int function1 ();
    int function2 ();
    #ifdef _cplusplus
}
#endif
```

14.2　为防止重复包含，请在头文件加上条件 INCLUDE 。

示例：

```
#ifndef _LINUX_FILE_H
#define _LINUX_FILE_H
#include <asm/atomic.h>
#include <linux/posix_types.h>
#include <linux/spinlock.h>
struct file_struct
{
    //....
    //....
};
#endif
```

14.3   仅引用你需要的头文件 。

当模块的实现依赖于其他模块时，尽量在 C/C++ 源文件手工引用多个头文件，仅引用你需要调用的头文件。而不要把多个头文件包含在一个头文件中，源文件仅包含这一个头文件。

15. 可测性

15.1   在同一项目组或产品组内，要有一套统一的为集成测试与系统联调准备的调测开关及相应打印函数，并且要有详细的说明。

示例：以下使用 DEBUG 作为调试开关，输出调试信息。

```
#ifdef DEBUG
    #define DPRINTF(s) PRINTF(s)
#else
    #define DPRINTF(s)
#endif
```

如果要将调试开关打开，只需要传递给编译器" – DDEBUG"的标记。

15.2   在同一项目组，调测打印出的信息串的格式要有统一的格式。信息串中至少要有所在模块名(或源文件名)，如果能获得行号请打印出行号。

说明：统一的调测信息格式便于分析，特别是用程序来辅助分析。

15.3   测试代码部分应作为(模块中的)一个子模块，以方便测试代码在模块中的安装与拆卸(通过调测开关)。

15.4   使用断言来发现软件问题，提高代码可测性。

说明：断言是对某种假设条件进行检查(可理解为若条件成立则无动作，否则应报告)，它可以快速发现并定位软件问题，同时对系统错误进行自动报警。断言可以对在系统中隐藏很深、用其他手段极难发现的问题进行定位，从而缩短软件问题定位时间，提高系统的可测性。实际应用时，可根据具体情况灵活地设计断言。

15.5   正式软件产品中应把断言及其他调测代码去掉(即把有关的调测开关关掉)。

说明：关掉调测开关可加快软件运行速度。不允许将调试版本和正式版本分成两个独立文件，应始终统一在一套源文件内。

15.6 在软件系统中设置与取消有关测试手段，不能对软件实现的功能等产生影响。

说明：即有测试代码的软件和关掉测试代码的软件，在功能行为上应一致。

16. 质量保证

16.1 在软件设计过程中构筑软件质量。

16.2 代码质量保证优先原则：

(1)正确性，指程序要实现设计要求的功能。

(2)稳定性、安全性，指程序稳定、可靠、安全。

(3)可测试性，指程序要具有良好的可测试性。

(4)规范/可读性，指程序书写风格、命名规则等要符合规范。

(5)全局效率，指软件系统的整体效率。

(6)局部效率，指某个模块/子模块/函数的本身效率。

(7)个人表达方式/个人方便性，指个人编程习惯。

16.3 只引用属于自己的存储空间。

说明：若模块封装得较好，那么一般不会发生非法引用他人空间的情况。

16.4 防止引用已经释放的内存空间。

说明：在实际编程过程中，稍不留心就会出现在一个模块中释放了某个内存块(如C++语言指针)，而另一模块在随后的某个时刻又使用了它。要防止这种情况发生。

16.5 函数中分配的内存，在函数退出之前要释放。

16.6 过程/函数中申请的(为打开文件而使用的)文件句柄，在过程/函数退出之前要关闭

16.7 防止内存操作越界。

说明：内存操作主要是指对数组、指针、内存地址等的操作。内存操作越界是软件系统主要错误之一，后果往往非常严重，所以进行这些操作时一定要仔细小心。

16.8 系统运行之初，要初始化有关变量及运行环境，防止未经初始化的变量被引用。

16.9 严禁随意更改其他模块或系统的有关设置和配置。

说明：编程时，不允许随心所欲地更改不属于自己模块的有关设置如常量、数组的大小等。

16.10 不能随意改变与其他模块的接口。

16.11 编程时，要防止差1错误。

说明：此类错误一般是由于把" <= "误写成" < "或" >= "误写成" > "等造成的，由此引起的后果，很多情况下是很严重的，所以编程时，一定要在这些地方小心。当编完程序后，应对这些操作符进行彻底检查。

16.12 要时刻注意易混淆的操作符。当编完程序后，应从头至尾检查一遍这些操作符，以防止拼写错误。

说明：形式相近的操作符最容易引起误用，如C++中的" = "与" == "、"｜"与"｜｜"、"&"与"&&"等，若拼写错了，编译器不一定能够检查出来。

16.13 有可能的话，if语句尽量加上else分支，对没有else分支的语句要小心对待；switch语句必须有default分支。

16.14 系统应具有一定的容错能力，对一些错误事件能进行自动补救。

附录2　C++/C 代码审查表

文件结构		
重要性	审查项	结论
重要	位于头文件和定义文件的开头是否有版权和版本的声明	
	头文件和定义文件的名称是否合理	
重要	是否使用了#include ＜filename. h＞格式来引用标准库的头文件	
重要	是否使用了#include "filename. h"格式来引用非标准库的头文件	
	头文件和定义文件的目录结构是否合理	
重要	版权和版本声明是否完整	
重要	头文件是否使用了 ifndef/define/endif 预处理块	
	头文件中是否只存放"声明"而不存放"定义"	
程序的版式		
重要性	审查项	结论
	在每个类声明之后、每个函数定义结束之后是否加了空行	
	在一个函数体内，逻辑上密切相关的语句之间不加空行，其他地方应加空行分隔	
	关键字之后要留空格；函数名之后不要留空格，紧跟左括号'（'，以与关键字区别	
	'（'向后紧跟，'）''，''；'向前紧跟，紧跟处不留空格；'，'之后要留空格，如果'；'不是一行的结束符号，其后要留空格	
	一元操作符如"！""～""++""－－""&"（地址运算符）等前后不加空格	
	赋值操作符、比较操作符、算术操作符、逻辑操作符、位域操作符等二元操作符的前后应当加空格	
	长行拆分是否得体	
重要	"｛"和"｝"是否各占一行并且对齐于同一列	
重要	｛｝之内的代码块在"｛"右边数格处是否左对齐	
重要	一行代码是否只做一件事，如只定义一个变量，只写一条语句	
重要	if, for, while, do 等语句自占一行，不论执行语句多少都要加"｛｝"	
重要	在定义变量（或参数）时，是否将修饰符 ＊ 和 & 紧靠变量名	
重要	注释与代码是否保持一致性	

重要性	审查项	结论
	注释是否清晰并且必要	
重要	注释是否有错误或者可能导致误解	
重要	类结构的 public，protected，private 顺序是否在所有的程序中保持一致	

命名规则

重要性	审查项	结论
重要	命名规则是否与所采用的操作系统或开发工具的风格保持一致	
	标识符是否直观且可以拼读，应尽量与操作系统及所采用的开发工具相一致	
	标识符的长度应当符合"min-length && max-information"原则	
重要	程序中是否出现相同的局部变量和全部变量	
重要	类名、函数名、变量和参数、常量的书写格式是否遵循一定的规则，类名和函数名用大写字母开头的单词组合而成，变量和参数用小写字母开头的单词组合而成，常量全用大写的字母，用下画线分割单词	
	静态变量、全局变量、类的成员变量是否加前缀？静态变量加前缀 s_，则使全局变量加前缀 g_，类的数据成员加前缀 m_	

表达式与基本语句

重要性	审查项	结论
重要	如果代码行中的运算符比较多，是否已经用括号清楚地确定表达式的操作顺序	
	是否编写太复杂或者多用途的复合表达式	
重要	不要编写太复杂的复合表达式，不要有多用途的复合表达式，不要把程序中的复合表达式与"真正的数学表达式"混淆	
重要	是否用隐含错误的方式写 if 语句？例如 (1)将布尔变量直接与 TRUE、FALSE 或者 1、0 进行比较； (2)将浮点变量用" == "或"！ ="与任何数字比较	
重要	在多重循环中，如果有可能，应当将最长的循环放在最内层，最短的循环放在最外层，以减少 CPU 跨切循环层的次数。如果循环体内存在逻辑判断，并且循环次数很大，宜将逻辑判断移到循环体的外面	
重要	不可在 for 循环体内修改循环变量，防止 for 循环失去控制	
重要	case 语句的结尾是否忘了加 break，不要忘记最后那个 default 分支	
重要	少用、慎用 goto 语句	

游戏测试

常量		
重要性	审查项	结论
	是否使用含义直观的常量来表示那些将在程序中多次出现的数字或字符串	
	在 C++ 程序中，是否用 const 常量取代宏常量	
重要	如果某一常量与其他常量密切相关，是否在定义中包含了这种关系	
重要	不能在类声明中初始化 const 数据成员，const 数据成员的初始化只能在类构造函数的初始化表中进行。因为 const 数据成员只在某个对象生存期内是常量，而对于整个类而言却是可变的	

函数设计		
重要性	审查项	结论
	参数的书写是否完整？不要贪图省事只写参数的类型而省略参数名字。如果函数没有参数，则用 void 填充	
	参数命名、顺序是否合理，参数的个数是否太多，是否使用类型和数目不确定的参数，是否省略了函数返回值的类型，函数名字与返回值类型在语义上是否冲突	
	如果参数是指针，且仅作输入用，是否在类型前加了 const，以防止该指针在函数体内被意外修改	
重要	是否将正常值和错误标志混在一起返回，正常值应当用输出参数获得，而错误标志用 return 语句返回	
重要	在函数体的"入口处"，是否用 assert 对参数的有效性进行检查，是否滥用了 assert，例如混淆非法情况与错误情况，后者是必然存在的并且是一定要作出处理的	
重要	return 语句是否返回指向"栈内存"的"指针"或者"引用"	
	是否使用 const 提高函数的健壮性。const 可以强制保护函数的参数、返回值，甚至函数的定义体	

内存管理		
重要性	审查项	结论
重要	用 malloc 或 new 申请内存之后，是否立即检查指针值是否为 NULL（防止使用指针值为 NULL 的内存）	
重要	是否忘记为数组和动态内存赋初值（防止将未被初始化的内存作为右值使用）	
重要	数组或指针的下标是否越界	
重要	动态内存的申请与释放是否配对（防止内存泄漏）	

重要性	审查项	结论
重要	用 free 或 delete 释放了内存之后，是否立即将指针设置为 NULL，以防止产生"野指针"	
重要	是否有效地处理了"内存耗尽"问题	
重要	是否修改"指向常量的指针"的内容	
重要	是否出现野指针。例如 （1）指针变量没有被初始化； （2）用 free 或 delete 释放了内存之后，忘记将指针设置为 NULL	
重要	是否将 malloc/free 和 new/delete 混淆使用	
重要	malloc 语句是否正确无误，例如字节数是否正确，类型转换是否正确	
重要	在创建与释放动态对象数组时，new/delete 的语句是否正确无误	

C++ 函数的高级特性

重要性	审查项	结论
	重载函数是否有二义性	
重要	是否混淆了成员函数的重载、覆盖与隐藏	
	运算符的重载是否符合制定的编程规范	
	是否滥用内联函数？例如函数体内的代码比较长，函数体内出现循环	
重要	是否用内联函数取代了宏代码	

类的构造函数、析构函数和赋值函数

重要性	审查项	结论
重要	是否违背编程规范而让 C++ 编译器自动为类产生四个缺省的函数：（1）缺省的无参数构造函数；（2）缺省的拷贝构造函数；（3）缺省的析构函数；（4）缺省的赋值函数	
重要	构造函数中是否遗漏了某些初始化工作	
重要	是否正确地使用构造函数的初始化表	
重要	析构函数中是否遗漏了某些清除工作	
	是否错写、错用了拷贝构造函数和赋值函数	
重要	赋值函数一般分四个步骤：（1）检查自赋值；（2）释放原有内存资源；（3）分配新的内存资源，并复制内容；（4）返回 *this。是否遗漏了重要步骤	
重要	是否正确地编写了派生类的构造函数、析构函数、赋值函数。 注意事项： （1）派生类不可能继承基类的构造函数、析构函数、赋值函数； （2）派生类的构造函数应在其初始化表里调用基类的构造函数； （3）基类与派生类的析构函数应该为虚（即加 virtual 关键字）； （4）在编写派生类的赋值函数时，注意不要忘记对基类的数据成员重新赋值	

类的高级特性		
重要性	审查项	结论
重要	是否违背了继承和组合的规则 (1)若在逻辑上 B 是 A 的"一种",并且 A 的所有功能和属性对 B 而言都有意义,则允许 B 继承 A 的功能和属性; (2)若在逻辑上 A 是 B 的"一部分"(a part of),则不允许 B 从 A 派生,而是要用 A 和其他东西组合出 B	
其他常见问题		
重要性	审查项	结论
重要	数据类型问题: (1)变量的数据类型是否有错误; (2)是否存在不同数据类型的赋值; (3)是否存在不同数据类型的比较;	
重要	变量值问题: (1)变量的初始化或缺省值是否有错误; (2)变量是否发生上溢或下溢; (3)变量的精度是否够	
重要	逻辑判断问题: (1)是否由于精度原因导致比较无效; (2)表达式中的优先级是否有误; (3)逻辑判断结果是否颠倒	
重要	循环问题: (1)循环终止条件是否正确; (2)是否无法正常终止(死循环); (3)是否错误地修改循环变量; (4)是否存在误差累积	
重要	错误处理问题: (1)是否忘记进行错误处理; (2)错误处理程序块是否一直没有机会运行; (3)错误处理程序块本身是否有问题,如报告的错误与实际错误不一致,处理方式不正确等等; (4)错误处理程序块是否是"马后炮",如在它被调用之前软件已经出错	
重要	文件 I/O 问题: (1)是否对不存在的或者错误的文件进行操作; (2)文件是否以不正确的方式打开; (3)文件结束判断是否正确; (4)是否没有正确地关闭文件	